Seadove

Seadove

Seadove

猶太人為什麼會那麼有錢

孫朦／著

在全球的商界跑一圈，你才會發現，
這世界其實是猶太人的天下！

前言：命運由自己掌握

什麼事情都是靠自己來爭取的，不能因為環境改變了就放棄自己的計畫。

有三個人要被關進監獄三年，監獄長說可以讓他們每個人提出一個要求。

美國人愛抽雪茄，要了三箱雪茄。

法國人最浪漫，要一個美麗的女子相伴。

而猶太人說，他要一部與外界溝通的電腦。

三年過後，第一個衝出來的是美國人。嘴裡、鼻孔裡塞滿了雪茄，大喊道：「給我火，給我火！」原來他忘了要打火機了。

接著出來的是法國人。只見他手裡抱著一個小孩，旁邊的美麗女子牽著一個小孩。

最後出來的是猶太人。他緊緊握住監獄長的手說：「這三年來我每天與外界聯繫，我的生意不但沒有停頓，反而增長了二〇〇%。為了表示感謝，我送你一輛轎車！」

這個故事告訴我們：什麼樣的選擇決定今後過什麼樣的生活。今天的生活可能是由三年前我們的選擇所決定的，而今天的選擇又將決定我們若干年後的生活。

猶太人就是這樣，什麼事都是靠自己爭取，不因環境改變而放棄自己的計畫。中國有句俗語：三句話不離本行。猶太人素來以經商為主，不管他在哪裡，都會牢牢記住自己的理想，不會放棄，因為一旦放棄了，就等於放棄了自己。在他們的意識裡，生活只能靠自己去選擇、去創造。《塔木德》教導他們「要救贖自己」，這種救贖不能靠別人，必須由自己來完成。

猶太人會精心安排自己的人生，所以在發現自己真正想要從事的職業之前，他們會不斷地變換工作。美國猶太商人朗司・布拉文就屬於這種人。

布拉文是三十七歲才開始經商的。他的父親在洛杉磯經營一間擁有一百名員工的會計師事務所，他在大學學的是會計學，畢業以後就馬上進入了父親的事務所工作。周遭的人都認為他會順其自然地成為事務所的繼承人，繼續經營會計師事務所，但是，他總是覺得事務所的工作不適合自己，最後他還是辭職了，開始自己嘗試著經商。

他進入商界也就十幾年時間，但年交易額已達三十五億日元。他主要向日本出口高爾夫用品等與體育有關的用品、服裝及輔助設備等，經銷地點除了公司本部的拉斯維加斯外，還有日本及瑞士。他設想有朝一日能夠建立世界級規模的公司。

布拉文是在換了工作後，才發現到更適合自己發展的道路，但是，當初做出辭職的決定卻是很難的。雖說猶太社會父子關係是各自獨立的，但是放棄接替父親的事業，自己出去獨立發展，也是需要很大決心的。遇到該選擇父親還是該選擇自己的情況時，猶太人會毫不猶豫地選擇自己。

追求成功要靠實力，追求財富也離不開自身的拚搏，只要擁有了通事求己的堅強和自信，人人都能成為自己的財神。凡事不要依靠別人施捨，也不要期待財富與成功會從天而降。只有將命運之舟緊緊地掌握在自己的手中，才能使它準確地駛向成功的彼岸，駛向財富的綠洲。只有自己才是操縱人生的真正主人。

休・赫胡是美國一家著名雜誌社的老闆，他的雜誌在國內極受讀者歡迎，是美國最熱門的雜誌之一。

赫胡早年經歷極為平凡，只不過是一位記者，這在美國是一個極普通的職業。他當記者的時候，經常因為工作而耽誤了吃飯、休息，甚至先後結交的幾個女朋友也離他而去，但他仍然勤奮工作，毫不懈怠，到後來，他才突然發現，自己這樣做並沒有得到應該得到的報酬。於是，他終於鼓起勇氣來到總編辦公室，要求總編為他加薪十美元。

總編絲毫沒有把這位年輕的記者放在眼裡，他輕蔑地對赫胡說：「像你這樣的年輕人，值得拿這麼多的薪水嗎？況且，要那麼多錢幹什麼？」赫胡聽到總編說出這樣粗魯的話，看到總編的態度如此蠻橫無理，頓時有種被藐視的感覺，當場提出辭職要求，並毫不猶豫地離開了報社。

他雖然離開了報社，但報社也曾給他帶來很多好處，讓他從這份薪俸微薄的記者工作中積累了豐富的生活素材，為他後來成就事業打下了堅實的基礎。

赫胡憑著自身的優越條件，開始籌集資金，準備發行一本雜誌。這個被迫辭職的記者，不久便成了雜誌社經理。

雜誌發行成功後，赫胡又在芝加哥開設了俱樂部，其俱樂部的經營方式活潑、新鮮，服務又周到，分店很快就遍布了全世界，他也因此成了一個蜚聲世界的成功人士，可謂名利雙收。休・赫胡不甘於仰人鼻息，決意掌握自己的命運，透過自己的努力，最終闖出一條成功之路。

在人生中，猶太人一直相信個人神奇的力量，認為自己的命運應該由自己去把握，因而他們只相信自己，以己為先。《猶太法典》中曾有這樣一個故事：很早以前，古巴比倫有兩位猶太人，一位出生於富貴的世家，一位出生於貧窮之家。高貴人家的那位常為自己祖先的榮耀感到自豪，並向這位貧窮人家的子弟炫耀家族的財富與地位。而這位窮人子弟卻說：「你只不過是偉大祖先的後代，也許你就是這個家庭中的最後一人，而我或許會成為我們家庭的祖先。」

這則故事告訴世人一個道理，個人的價值高於一切，其他東西並不重要，重要的是從我做起，透過自我奮鬥與努力去實現心中的目標。猶太商人普遍認為，成就自我必須做到：擁有頑強的獨立意識，具備自強不息的戰鬥力，心懷遠大的理想和目標，能夠在商業這條煉獄之路上奮鬥不止。

目錄

無論是古代還是現代，金錢在社會中的作用都是不可低估的。猶太人說：「富親戚是近親戚，窮親戚是遠親戚。」猶太人的歷史一再驗證了這個事實。當他們沒有錢的時候，就處在社會的底層，受到凌辱和壓迫；而當他們有了錢時，就可以和貴族平起平坐，讓人們對他們欽慕不已。

第五章　獨特的教育藝術

猶太人多偉人和名人，這與他們的教育有直接的關係。因為良好的教育，是高度文明的先決條件。猶太民族常常被稱為「書的民族」。因為猶太人是一個喜歡讀書、善於學習鑽研、善於從書中獲取知識的民族。

第六章　跟猶太商人學理財

猶太人認為，會賺錢不如會管錢，這裡的管錢指的就是理財。猶太人一生都在與錢打交道，當然在理財上也形成了一套獨特的方法和理論。時至今日，猶太人的理財方法和理論仍然可行。由此可見，應像猶太人一樣，善於理財，精於理財。

第一章 猶太人的金錢觀

無論是古代還是現代，金錢在社會中的作用都是不可低估的。猶太人說：「富親戚是近親戚，窮親戚是遠親戚。」猶太人的歷史一再驗證了這個事實。當他們沒有錢的時候，就處在社會的底層，受到凌辱和壓迫；而當他們有了錢時，就可以和貴族平起平坐，讓人們對他們欽慕不已。

金錢是生活的泉源

金錢給人間光明，金錢給眾生溫暖。金錢讓說壞話的人舌頭發直，金錢讓舉起屠刀的人呆立發愣；金錢為善良的人帶來了希望，為他們的人生旅途點亮明燈。

在很早以前，猶太人就發現了這個事實：金錢是生活的泉源。猶太人在歷史上數次慘遭滅國之禍，他們被迫流亡到世界各個國家，但是無論到哪個國家，都會受到歧視。猶太人想要在當地生存就必須繳納各種高額的稅金和不明緣由的捐稅，甚至他們日常生活中的一舉一動都要受制於所納的捐稅。信奉同一宗教的人一起祈禱要納稅，結婚要納稅，生孩子要納稅，連為死者舉行葬禮也要納稅。他們稍有異議，別人就說他們是吝嗇鬼，假如他們少繳了什麼稅金，立即就會遭到驅逐和屠殺。

猶太人所在國家的統治者們更是時刻離不開他們的錢，建造豪華的宮殿、維持貴族的奢侈生活、顯示帝國的威嚴、和其他國家進行戰爭，都需要猶太人提供大量的錢。於是便出現了這樣可笑的事，統治者們動輒嫌棄猶太人的吝嗇，瞧不起他們拚命地賺錢，因此就把猶太人驅逐出境，但是過沒多久又必須把他們召回來，因為對統治者們來說，猶太人純粹就是「錢袋子」。

反猶太主義產生的原因固然有很多，但是十九世紀一位法國人道出了原因：「反猶太主義是一場經濟的戰爭。」猶太人明白自己是輸不起這場戰爭的，一旦失去財政上的必要性，就是他們被遣散、驅逐和殺戮的時候。因此，為了自己的生存去獲取成功已經成為猶太人不可推卸的責任。

金錢讓當地的人不敢小看他們，也讓當地的政府對他們恭敬。一位觀察家在他的著作裡寫道：「猶太人實際上的政治權力和他們的經濟權利之間的矛盾也是政治與金錢勢力之間的矛盾，雖然在觀念上，政治權力凌駕於金錢權利之上，其實前者卻是後者的奴隸。」金錢，讓猶太人能夠真正地站起來，重新獲得世人對他們的尊敬。

在這種情況下，獲取錢財成了猶太人的一種反射式行動，就像手還未碰到眼珠，眼睛就會本能地合上一樣。猶太人只好想盡一切辦法來發財，讓自己變有錢。如此，他們對錢的崇拜也達到了極端的地步，對於猶太人來說，錢居於生死之間，在他們的生活當中，錢居於中心地位。

猶太人因為金錢而獲得了安全和保障，但是也因為他們實在是富可敵國而遭到一些人的嫉妒和仇恨，他們只好再次拚命地賺錢來獲取更大的保護。為了獲取更多的錢，他們不得不讓自己賺錢的能力愈來愈強，而他們理財、生財、發財的本領愈來愈高，他們也就變得愈來愈富有。於是，猶太人為了賺錢，幾乎變成了賺錢機器。

就現今情況來看，這種對金錢的崇拜絲毫沒有減弱，反而有過之而無不及，金錢繼續對猶太人產生著磁鐵般的吸引力，生活在美洲的其他民族仍然對猶太人的金錢觀推崇備至。因為，他們都知道一個事實：在今天的世界，獲取經濟成功已成為一條生存的基本法則——要生存就必須發達。

金錢是實現人生價值的工具

無論從哪個角度來說，錢是人生不可或缺的一部分。對於物質上的生存，它是必需的；對於精神上的追求，它可以成就重大的事情，是人們成功的標誌之一，也是人們獲得高品質生活的保證。

著名作家索爾・貝婁說：「**金錢是唯一的陽光，它照到哪裡，哪裡就發亮。**」在猶太人看來，金錢是成功的標誌、是實現人生價值的工具，要盡可能擁有它。

在駐日本的聯合國某司令部裡，猶太士兵總是無端地受到歧視，根本沒有尊嚴可言。猶太士兵只要走過，白人士兵必然要滿懷憎恨而輕蔑地罵一聲，任何人都可以隨便地議論、挖苦猶太士兵一番，而猶太士兵雖然惱火卻無可奈何。

有個叫威爾遜的猶太人，由於他的軍階僅是低微的中士，因此更是受盡了白人士兵和高階軍官們的歧視，大家都看不起他，背地裡經常議論他，他也飽嘗了人們對他的各種侮辱，但是他擁有猶太人智慧的頭腦。一開始他口袋裡沒有什麼錢，他就省吃儉用，積攢了一筆小錢，然後把這筆錢借貸出去。在白人士兵裡，花錢不眨眼的現象很普遍，他們總是等不到發軍餉的時候就阮囊羞澀了，因此看到威爾遜有錢，就迫不及待地向他借。

威爾遜借錢給他們的同時，還要求他們在一個月內還清，且借貸的利息很高，但是那些士兵們早就管不了那麼多了。威爾遜收到這些利息之後繼續存起來，再借貸給那些士兵們，對於沒有錢可還的人，威爾遜就讓他們拿一些值錢的東西來做抵押，然後再高價賣出。沒多久，威爾遜就富裕起來，還買了兩部車和別墅，變成了士兵裡的「富翁」，這些待遇即使是高階軍官也未必可以享受得到。那些經常過「山窮水盡」、「灰頭土臉」日子的白人士兵，對威爾遜再也不會有趾高氣揚的態度了，反而對他羨慕不已。

猶太人對金錢的熱愛不僅是源於現實生存的需要，而且是一種精神的寄託，更是實現美好人生所必需的手段和工具。在猶太人的觀念中，由於他們的背景和所處的職業地位，形成了對金錢的獨到看法——「**賺錢不難，用錢不易**」。

猶太人洛克菲勒在自己擁有了巨大的財富、變成當時的世界首富時，依然感覺不快樂，因為他知道這些錢還沒有發揮它們的作用。別人勸他把這些錢留給他的孩子們，洛克菲勒激動地回答：「不！他們不需要這些錢，這些錢是從大眾那裡得來的，因此也應該回到大眾那裡去，到它們應該發揮作用的地方去。」洛克菲勒成立了以自己名字命名的「洛克菲勒基金會」，幫助成千上萬食不果腹的孩子們，讓他們可以溫飽，並且接受教育，進而成為對社會有用的人。而且他還要自己的孩子們盡可能把錢花在那些需要它的人們身上。他的孩子們也秉承了他的心願，整個洛克菲勒家族的捐款和贊助高達十多億美元。

對於洛克菲勒來說，金錢對他已經不重要了，他用金錢證明了自己是一個社會上的成功人士，他擁有的金錢是他所作出巨大社會貢獻的標誌，而且他使世人明白，金錢只是他美滿人生的一個尺度，是他高尚人生信念的一種表達。

聖經裡有一個故事：一個財主將財產按照僕人的才幹，一個給三萬個銀幣，一個給一萬二千個銀幣，一個給六千個銀幣，並告訴他們，要好好珍惜並妥善管理自己的財富，等到一年後再看看他們是如何處理錢財的。那領了三萬的馬上去做生意，另外賺了三萬。那領了一萬二千的也是這樣，另賺了一萬二千。但那領了六千的，卻去把地挖開，把主人的錢藏起來。

一年後，財主召回三位僕人檢查成果。第一位及第二位僕人所管理的財富皆增加了一倍，財主甚感欣慰，唯有第三位僕人的錢絲毫沒有增加，他向主人解釋說：「唯恐運用失當而遭到損失，所以將錢存在安全的地方，今天將它原封不動奉還。」財主聽了勃然大怒：「你這愚蠢的僕人，竟不好好利用你的財富。」

對於整個社會來說，財富指標日益成為人們事業成功的重要標誌之一，是衡量人們工作價值的重要手段，當今社會，任何一個不甘於平凡的人都在努力地賺錢，儘管只是滿足基本生活所需，但是對於追求富有理想的人們來說，金錢是社會地位的象徵，也是實現人生價值的工具。

現金優先的猶太人

在當今的貿易活動中，現金仍是十分重要的，瞬息萬變的市場，風險潛伏在各種買賣活動中，如果忽視了「現金主義」，往往會導致血本無歸。

在生活中，猶太人對銀行存款似乎不感興趣。銀行存款雖然的確可以獲得一筆利息，但是物價在存款生息期間會上漲，貨幣價值隨之下降，尤其是存款者本人死亡時，還需繳稅給國家。所以，無論多麼巨大的財產，存放在銀行，相傳三代後將會變成零，這就是稅法上的原則。現款確實不增值，但物價上漲對其影響不大，而且最關鍵的是手持現款，免去在銀行的財產登記，在財產繼承時，不需要繳納遺產稅給政府。所以，手持現款時，財產既不增多也不減少。

這樣看來，銀行存款和現金相比，當然是現金可靠。小心謹慎的猶太人自然在二擇一的條件下選擇了後者，因為對猶太人來說，「不減少」正是「不虧損」的最基本做法。想藉助銀行存款求得利息，是不太可能獲得可觀利潤的。從古至今，對錢財的保管，每個國家的人都有自己的辦法。在銀行尚未出現以前，人們為了生命和財產安全，通常把金銀財寶藏在秘密的地方，只有自己或家人知道。在那個保險措施不健全、技術落後的時代，這算是一種比較安全的現款保存法。

猶太人認為世界變化太快，沒有誰能預測明天會如何。一切都在變，只有現金不變，只有現金才可以為他們的生活帶來一定的保障，才可以對付難以預料的天災人禍。表現在商業活動中，就是徹底的「現金主義」，現金才是王道。

再來看一則笑話：有一位猶太人，臨終之際，把所有的親戚朋友都叫到床前，對他們囑託後事，他說道：「請將我的財產全部換成現金，用這些錢去買一床最高檔的毛毯和一張最昂貴的床，然後把剩下的錢放在我的枕頭底下。等我死了，再把這些錢放進我的墳墓，我要帶著這些錢到那個世界去。」

親友們按照他的安排，買來了毛毯和床。這位富翁躺在豪華的床上，蓋著柔和的毛毯，摸著枕邊的現金，安詳地閉上了眼睛。

遵照富翁的遺囑，死者留下的那筆現金和他的遺體一起被放進了棺材。這時，死者的一位老朋友前來弔唁，當他聽說死者的財產都換成現金，並已隨死者的遺體一起被放入棺材時，立即從口袋裡掏出支票和筆，飛快地簽上金額，撕下支票，放入棺材。同時，又從棺材中取出現金，並輕輕拍著死者的腦門說道：「老朋友，金額與現金相同，你會滿意的。」

這則笑話說明了猶太人對現金的偏愛，在現實生活中，也不乏癡愛現金的猶太商人。十九世紀的南非首富之一——猶太鑽石商巴奈・巴納特就說：「我僅和現金或現金之類的東西打交道，我更喜歡鑽石、黃金和紙幣。」這位富翁從來不碰「股票」等相關商品。

還有一位英國猶太富商，歐洲第三大食品生產和經營集團卡文哈姆公司的老闆——詹姆斯・戈德文密斯爵士也特別偏愛現鈔，他有個怪癖，在賣東西時，一般都要求別人付現，但是在買東西時，他卻喜歡用股票或者長期賒購的方式來支付。

猶太人之所以奉行徹底的「現金主義」，一方面是因為他們在逃難時可以隨身攜帶現金，另一方面是因為他們對任何人都不放心，一旦將商品賒出去，錢拿不回來怎麼辦，此時如果馬上要逃難，豈不白白遭受損失？

所以，唯有現金是安全、可靠和永恆的。

我們知道，自從羅馬帝國淪亡以來，猶太人便開始受到驅逐，過著四處流浪的生活。動盪的生活和社會環境，決定了猶太人在財產選擇上的與眾不同。

他們通常是持有現金，或將其換成黃金及鑽石，固定財產則少之又少，因為土地、房子等固定財產是無法攜帶的，一旦時局緊張就得棄而走之，這對愛財的猶太人來說，無疑是巨大的損失。聰明的猶太人不會去購買土地、蓋豪華的別墅，尤其是在兵荒馬亂的年代，一看政治風向不對，他們馬上就捲起家產而逃，能隨身攜帶的財產是他們逃難時的生活依靠。

現金既然是猶太人生活的保障，他們對現金的偏愛程度自然是無以復加的。在一家猶太人的小餐館，牆壁上貼著一首歌謠：「我喜歡你，你要借錢，我只能不借，怕借了你便不再上門。」說穿了，就是「現金交易，恕不賒欠」的意思，然而用辭卻很婉轉。

其實，這餐館裡的一杯酒才幾元，老闆為何絞盡腦汁編出這樣的歌謠來拒絕顧客的賒欠呢？答案很明顯，如果允許顧客賒欠，其中的損失勢必要由自己來承擔。換言之，自己所得的利潤必然被侵蝕。再者，小本經營的生意，如果賒欠太多，必將影響餐館的資金周轉，甚至使餐館經營陷入困境。從這首歌謠中，便不難看出餐館主人是如何煞費苦心了。

採取「現金主義」，是猶太人的商法之一。這在日常生活中表現得特別明顯。與他國商人打交道時，他們心中想的是：「那個人今天究竟帶了多少現款？」更令人驚訝的是他們對公司的評價：「今天那家公司，若換成現金，究竟值多少？」他們所關心的是現金，他們力求把一切東西都「現金化」。

猶太人此一「保守」觀念，決定了他們的商品交易力求現金交易。縱然交易後也許在一年後能變成億萬富翁，但也難保他明天不發生意外。這世上什麼都在變，唯有「變」這個字是不變的，也只有現金是不變的，這是猶太人的信念。此外，為了保證最大限度的現金化，猶太商人奉行如下原則：

1.在契約上標明付款條件。

2.互惠互利，不強買強賣；商品不賣給沒有支付能力的顧客。

3.以信用額度決定賒欠多少，超過額度不予賒欠。

4.收款態度堅決，不讓對方有拖延的餘地。

5.約定期一到，立即上門收款。

6.對經常拖欠貨款的顧客慎重發貨。

由於猶太商人奉行「現金主義」，所以長期以來，在猶太商人中流行著兩條鐵一般的交易規定：

1.錢只有一直處於流動狀態才能夠發揮它的增值功能。

2.經濟社會裡，白條（信用契約，不具法律保障）不可流通。

時間就是金錢

最不該浪費的東西就是時間，對我們而言，時間就是生命；對商人而言，時間就是金錢。要經商，首先就要保證自己擁有充足的時間。

時間就是金錢，時間就是生命，時間就是前途。時間對每一個人都是公平的，不多也不少；然而時間對每個人又是不公平的，在同樣的時間內，人們的收穫卻不同。懂得珍惜時間的人會好好利用每一分、每一秒，因為他們知道時間是寶貴的，如果你會把握時間，就會把握生命，才不會虛度人生。

如果你虛度人生，那麼在虛度的時間裡，你可能不會感覺到什麼，然而有一天當你去計算時，就會覺得浪費的時間可以做很多你所謂沒時間做的事情。這時，有人懊惱，有人想彌補，但這些都是無濟於事的。俗話說得好：「一寸光陰一寸金，寸金難買寸光陰」，如果你不想讓自己再感到後悔，即刻起請把握並珍惜時間。歷史上凡是有成就的人都是懂得珍惜時間的。

偉大的科學家愛因斯坦與朋友有約，他站在橋頭一邊等一邊在紙上寫著，雨淋濕了衣服，他也絲毫沒有察覺，朋友來了滿懷歉意地說：「不好意思，耽誤了你寶貴的時間。」愛因斯坦卻興奮地回答：「我非常有意義地度過了這段時間，因為這段時間中，我又想到了一個點子。」時間是寶貴的，它總是不知不覺地從我們身邊流走，因此我們要懂得珍惜、善用時間。

猶太人把時間看得十分重要，在工作中也往往以秒來計算時間。一旦訂定了工作的時間，就要嚴格遵守。打字員下班的時間一到，即使只剩幾個字就可以打完的，他們也會立即放下手邊的工作回家。他們的理由是「**我在工作時間內沒有浪費任一秒鐘，因此，我也不能浪費屬於我的時間**」。這就是猶太人的時間觀念。

他們把時間和金錢看得一樣重要，認為無緣無故浪費時間和竊取他人的錢是一樣罪惡的事情。一個猶太富商曾經計算過：他每天的薪資為八千美元，若工作八小時，那麼每分鐘約十七美元，假如他被打擾而因此浪費了五分鐘，就等於自己被盜取現款八十五美元。

在猶太人的觀念裡，時間是如此重要，千萬不可隨便浪費，即使是一些看起來很有必要的活動，也會被他們簡單化。比如和人約定時間談事情，說好兩個小時的開會時間，那麼時間一到，無論事情是否談完，都會馬上結束議程。猶太人為了把會談的時間盡量壓縮，通常見面後他們會直接切入主題，「今天我們來談談某某事情……」，而不是見面先談一些客套話。在猶太人看來，那些是毫無意義的，純粹是在浪費時間而已。

約定時間請務必準時到達，即使差一分鐘也是不禮貌的；一進辦公室，立即開始談話，這樣才是禮貌的商人。在規定的時間內把話題說完，如果需要，請來之前做好談話的準備，既然來了，切勿拖延對方的時間。錢可以再賺，商品可以再造，可是時間是不能重複的。因此，時間遠比商品和金錢寶貴。猶太人把時間看得那麼重，是有其道理的。時間是任何一宗交易中必不可少的條件，是達到經營目的的前提。簽訂合約時，要充分估計自己的交貨能力，是否能按客戶要求的品質、數量和交貨期去履行合約。如果可以辦到就簽約；如果辦不到，切不可妄為。

時間的價值還表現在贏得先機與時機，和搶在競爭對手前搶先占有市占率。在競爭激烈的市場中，誰能在市場上一馬當先，把創新的產品搶先推出，誰就能夠獲得較好的經濟效益。不僅如此，時間的金錢價值還呈現在整個交易過程中，企業盈利的多寡，始終是與企業資金周轉的快慢相關聯的。在企業核算中，如某個企業一年的營業額為十億美元，而它的資金使用率為一年兩次，假定該企業每次周轉產生的利潤達六千萬美元，若是企業能充分利用好時間，善於經營，將資金使用率達到每年四次，那麼同樣的資金每年的利潤可達二・四億美元，這樣企業就可多盈利一・二億美元。它顯示出時間將創造價值，而利潤則源於對時間的有效利用。

猶太商人遠較其他民族的商人更看重時間，尤其當時間直接顯現出金錢或直接創造出財富時，猶太商人會將其價值看得比什麼都重要。如果你走進猶太鉅賈摩根的辦公室，就會發現摩根的辦公室和其他人的辦公室是連接著的。他這樣做就是為了經理們如果有需要請示的事情，能夠直接在現場指導；如果工廠出現了問題，可以直接來找他解決，他不會讓問題拖延，哪怕是一分鐘。

摩根和人會面的時候，就是典型的猶太人處理方式。他會直接問你有什麼事情要處理，一般簡明扼要地交代兩、三句，就把來人「打發」了。摩根的經理們都知道他的這種作風，於是向他會報工作時，都會乾淨俐落地說明問題，否則任何含糊和拖泥帶水的行為都會遭到他嚴厲的批評。他也很少和人客套、寒暄。但是他有個原則，就是與任何人的聊天時間都不超過五分鐘，即使是總統，他也一樣對待。在猶太人那裡，有時候時間還可以使財富「無中生有」。

巴奈・巴納特是一個舊服裝商的兒子，出生於佩蒂寇特巷，曾就讀於一所專為窮人孩子建立的猶太免費學校。成年後，巴納特帶著四十箱雪茄菸作為創業資本來到南非。他把這些雪茄菸抵押給探礦者，獲得了一些鑽石，進而開始做起鑽石買賣。巴納特的盈利呈週期性變化，每個星期六是他獲利最多的日子，因為這一天銀行較早停止營業，巴納特可以放心大膽地用支票購買鑽石，然後趕在星期一銀行重新開門之前將鑽石售出，以所得款項支付貨款。

其實，巴納特是多了銀行停止營業的這一天空檔，而只要他有能力在每星期一早上在自己的帳戶中存入足夠兌付支票的錢，那他就永遠沒有開「空頭支票」。所以，巴納特的這種拖延付款，是在鑽市場運行時間的漏洞，且是在沒有侵犯任何人的合法權益之前提下進行的。

巴納特靠「時間差」生財，可說是精明到了極點。在此，時間成了商人手中的「王牌」，「一寸光陰一寸金」已不再是一個隱喻，而成為一種現實的做法。商業競爭就是時間的競爭，學會合理有效地安排時間，這是商人最大的智慧。的確，時間對任何人來說，都是這個世界上最寶貴的東西。它不像金錢和寶物，丟失了可以再找到或者賺回來，時間只要被浪費掉，就永遠不會再回來了。

金錢不問出處

賺錢是自然而合理的，沒有必要去考慮太多的因素。作為一個商人，他的任務就是賺錢，此外，別的任何東西，都不過是用來賺錢的工具和手段而已。

猶太人對錢的觀念自有所持，特別是猶太商人，他們認為「金錢無姓氏，更無履歷表」。他們不會把錢分為「乾淨的錢」或「不乾淨的錢」，他們深信，透過經營賺來的錢，拿的心安理得。

因此，猶太商人千方百計地努力經營，盡量賺取更多的錢，不管這些錢是農夫賣出了產品所得來的，還是知識分子靠腦力勞動得來的，都會受之無愧、泰然處之。

錢是貨幣，是一個人擁有物質財富多少的標誌，他本身不存在貴賤問題。猶太人的賺錢觀念和我們的傳統觀念不一樣，他們絲毫不認為撿拾破銅爛鐵、掃廁所就低賤，而當老闆、做經理就高貴，錢在誰的口袋裡都一樣是錢，他們不會到了另一個人的口袋中就不是錢了。因此他們在賺錢的時候，不會覺得錢是低賤或高貴的，他們不會因為自己目前所從事的職業不好而感到自愧不如，即使他們在從事所謂低賤職業的時候，心態也表現得十分平和。

由於對錢保持一種平常的心態，甚至把它看得如同一塊石頭、一張紙一樣，猶太人才不會把它視若神靈，也不會把它分為乾淨或骯髒，在他們心中錢就是錢，因此，他們孜孜矻矻地去獲取它，一旦失去它，也不會痛不欲生。正是這種平常心，使得猶太人在驚濤駭浪的商海中馳騁自如、臨亂不慌，取得了穩操勝券的結果。

賺錢有術的猶太人數不勝數，以放債發跡的亞倫就是典型的一例。這位移居英國的猶太人從打工開始，用積蓄的一點小錢做些小生意，由於生意的擴大，他需要資金周轉，而不得不向錢莊或銀行借錢。由此他發覺，向別人借錢的代價確實太高，往往與商業經營獲得的利潤相差無幾，自己辛辛苦苦經營全為銀行打工了，而且風險比銀行還大，倒不如自己從事放款業務比較划算。

幾年後，他開始了放款業務，一邊維持小生意的經營，一邊抽出部分資金貸放給急需用錢的人。另外，他又從銀行貸來利率相對較低的錢，以較高的利率轉貸給別人，從中賺取差額利潤，有些等錢應急的生產者或個人，寧願以月息二〇%借貸，這樣，如果用一百元放貸一年，即可獲得二四〇%的回報率，這比投資做買賣更賺錢，亞倫就是按照這樣的賺錢模式，迅速走上發財之路的。亞倫六十三歲逝世時，留下的錢財在當時的英國是首屈一指的。

猶太人的經商活動，有一個看似簡單卻很難做到的特點，他們對顧客總是一視同仁，而不帶一絲成見。在猶太人看來，因為成見而壞了可以賺錢的生意，簡直是太不值得了。

要想賺錢，就得打破原有的成見，這是猶太人經商得出的啟示，就像金錢沒有骯髒和乾淨之分一樣，猶太人對賺錢的對象也是不加以區分的。只要能賺錢，達成生意協定，從你的手中得到錢，這筆生意就可以做。在猶太人的觀念裡，進行貿易往來時，無論你是美國人還是俄國人，無論你是歐洲人還是非洲人，只要和你的這筆交易能為他帶來利潤，就可以進行交易。

要賺錢，就不要顧慮太多，不能被原來的傳統習慣和觀念所束縛。要敢於打破舊傳統，接受新觀念。也就是說，想賺錢就要打破成見。試想一下，如果因為和對方的觀念不同，自己在成見的作用下主動放棄了一次賺大錢的機會，豈不是太可惜、太不值得了！所以，賺錢就不應區分國籍，也不應為賺錢而設下種種限制。聰明的猶太人很早就認識到這點，所以他們很團結。猶太人散居世界各地，但無論是住在華盛頓、莫斯科還是倫敦等地，他們經常保持密切的聯繫，早已把彼此視為同胞，這也是他們成功的原因所在。

猶太人認為金錢是沒有善惡的，所謂的善惡是人自己主觀強加給金錢的。如果說金錢在惡人手裡就是罪惡的，那麼讓善良的人把它賺回來就可以是善的了。猶太人認為，主觀區分錢的善惡是件荒唐的事，那樣做不但浪費時間又束縛思想。

由於猶太人對金錢不問出處，這樣保證了他們的思想是完全自由的，絲毫不受世俗觀念的拘束。在他們的眼裡，什麼生意都可以做，什麼錢都可以賺，即使是「賣棺材的也可以賺錢」。正是因為猶太人認識到金錢的性質，所以，猶太商人在經商時，對於所藉助的東西是不存在一點感情的，只要有利可圖且不違法，拿來用就是了，完全不必顧慮太多。

不放過身邊的每一個小錢

對於一個成功者來說，金錢的積累是從「每一枚硬幣」開始的，沒有這種心態就不可能得到更大的財富。

一元雖然很少，但卻能做很多的事情，你是否好好珍惜自己的一元呢？要學會從一元開始累積你的財富。

有兩個年輕人一同去找工作，其中一個是英國人，另一個是猶太人。他們都滿懷希望，想要尋找適合自己的發展機會。有一天，他們一起走在大街上，發現地上有一枚硬幣，英國青年裝作沒看見就走了過去，而猶太青年卻激動地將它撿起來。英國青年對猶太青年的舉動非常鄙視：真是太沒出息了，連一枚硬幣也撿！望著遠去的英國青年，猶太青年心中感慨萬分：讓錢白白地從身邊溜走，真沒出息！後來，兩個人同時進了一家公司。

公司規模不大，薪水低，工作也很累，英國青年不屑一顧地走了，而猶太青年卻高興地留下來。

兩年後，兩人又在街上相遇，英國青年還在找工作，而猶太青年已成了主管。「這麼沒出息的人怎麼會當主管呢？」英國青年對此感到不解。

猶太青年說：「因為我不會讓財富白白從自己身邊溜走。對於每一分錢，我都會非常珍惜，而你連一枚硬幣都不要，怎麼會發財呢！」

也許這個英國青年並非不需要錢，可是他眼睛盯著的總是大錢而不是小錢，所以他的錢總在明天。但是，沒有小錢就不會有大錢，不懂得從小錢積累起，那麼財富就永遠不會降臨到你的頭上。

老子曾說過：「**合抱之木，生於毫末；九層之臺，起於累土。**」任何事情的成功都是由小而大逐漸累積而成的。積累財富也如用土築臺一樣，需要許許多多的小錢做鋪墊，方能成為大富翁。

雪梨奧運會上曾經舉辦過一個以「世界傳媒和奧運報導」為主題的新聞發布會，吸引了來自世界各地的數百位傳媒大亨和記者前來。就在新聞發布會進行中，人們發現坐在前排炙手可熱的美國傳媒巨頭NBC副總裁麥卡錫突然蹲下身子，鑽到桌子底下，他好像在尋找什麼。大家目瞪口呆，不知道這位大亨為什麼會在大庭廣眾之下做出如此有損自己形象的事情。

不一會兒，他從桌子底下鑽出來，手中拿著一支雪茄。他揚揚手中的雪茄說：「對不起，我到桌下尋找雪茄。因為我的母親告訴我，應該愛護自己的每一分錢。」

麥卡錫是一位億萬富翁，有為數龐大難以數計的金錢，毫不誇張地說，他甚至可以買到一切可以用錢來衡量的東西，一支雪茄對他來說簡直微不足道。以他的身分，應該不必理睬這根掉到地上的雪茄，或是大可從菸盒裡再取一支，但麥卡錫卻給了我們第三種令人意料不到的答案。

財富的積累離不開金錢的積累，這是麥卡錫給我們的啟示。而要積累金錢，還得掌握金錢的特性，因為錢是喜歡群居的東西，當它們處於分散的狀態時，也許沒有什麼威力；但當它們積少成多地聚集起來時，成千上萬的金幣就會發揮巨大的力量。

另外，金錢還有一個特性，就是你愈尊重它，它愈擁護你；你愈藐視它，它愈避開你。為此，要想積累財富，首先就得掌握金錢的特性，不要放過身邊的每一個小錢。

「不積跬步，無以至千里；不積小流，無以成江海。」這是中國聖賢的名訓。雖然《塔木德》的故事是流傳於國外的經典之作，但其積少成多、集腋成裘的哲理和中國的聖賢名訓是相通的。

兩個人在面對一枚硬幣的取捨時，英國人以他的紳士風度選擇了藐視，最終一無所獲；而精明的猶太人卻不放過任何一個積累財富的機會，終於成為大富翁。猶太人告訴我們，金錢也跟人一樣，你尊重它們，它們就不會虧待你；你忽略它們，它們就會從你的身邊溜走。在人生的旅途中，不要忽視任何一次機會，也不要輕視任何一分錢。說不定哪一天正是那一次機會、那一分錢使你步入了輝煌。

十九世紀末二十世紀初左右著世界金融市場的年輕富翁馬庫斯・戈德曼，他小時候受過很多苦，十歲時就開始自食其力。在暑假期間，他每天凌晨四點就起床，把晨報和烤麵包片分送到各家。這樣，每個星期下來，就能賺到幾十美元。他不放棄每一個賺錢的機會，哪怕只賺一美分，這為他長大後積累財富打下了堅實的基礎。有些人一開始就擺出一副要賺大錢的架勢，根本不理會小錢，結果常常是兩手空空，一分錢也沒賺到。

其實，有很多大富翁、大企業家，都是從掙小錢起家的。從掙小錢開始，可以培養你的自信，因為，掙小錢容易，每當掙到一筆錢後，你就會對自己的能力有所瞭解，就會相信自己也有做大事情的能力。猶太商人的成功往往並不是起點很高，也不是一開始就想著要做大生意、賺大錢。他們懂得，凡事要從細小的地方入手，一步一步積累，財富的雪球才會愈滾愈大。

凡事從小做起，從零開始，慢慢進行，不要小看那些不起眼的事物。對金錢的態度也反映了一個人對待人生和事業的態度。只有不好高騖遠的人，才能認真地做好每一件事，實現自己的目標；反之，不僅不能得到大的財富，小的財富也將與他無緣。

金錢是一面鏡子

如果一個人的靈魂變骯髒了，他就有可能玷污了這個民族，如果民族的靈魂變骯髒了，民族就會趨向滅亡。飽經滄桑的猶太民族能在世界民族之林中崛起，而且愈來愈顯示其強勁的發展趨勢，恰似一面明鏡，值得學習和借鑒。

有一個故事，在猶太人中廣為流傳：所羅門時期的某個安息日，有三個猶太人來到耶路撒冷，他們由於身邊帶了太多的錢而感到不方便，大家商議將各自帶的錢埋在一起就可以出發了。結果，其中有個人又溜回來，將錢偷偷挖走。

第二天，大家發現錢被盜了，便猜想一定是自己人所為。但又沒有證據是哪個人所為，於是，三個人便一起去素以斷案英明著稱的所羅門那裡請求仲裁。所羅門瞭解事情經過後，沒有急於問案，反而說：「這裡正好有道題解不開，請你們三位聰明人幫忙解決一下，然後我再為你們裁決。」

所羅門先講了一個故事：有個女孩曾答應嫁給某男，並訂了婚約。但不久以後，她又愛上了另一個男子。於是，她便向未婚夫提出解除婚約。為此，她還表示，願意付給未婚夫一筆賠償金。這個男子無意於賠償金，痛快地答應了她的要求。但是不久，這個女孩又被一個老頭拐騙了，她對老頭說：「我以前的未婚夫不要我的賠償金就和我解除了婚約，所以，你也應該比照辦理。」於是，那個老頭也同樣答應了她的要求。

講完故事後，所羅門問道：「女孩、青年和老頭，誰的行為最值得讚揚？」第一個認為，男青年能夠不強人所難，不拿賠償金，其行為可嘉。第二個認為，女孩有勇氣和未婚夫解除婚約，並要和真正喜愛的人結婚，其行為可嘉。第三個人說：「這個故事簡直莫名其妙，那個老頭既然是為了錢才誘拐女孩的，可是為什麼不拿錢就放她走呢？」

所羅門不等第三個人說完，便指著他大喝一聲：「你就是偷錢的人！」然後，所羅門解釋道：「他們兩人關心的是故事中人物的愛情和個性，而你卻只想到錢，你是小偷肯定無疑。」

可見，從一個人對待金錢的態度就可以看出其人格的高低。猶太人雖然愛錢，但他們只賺屬於自己的錢，他們在金錢的誘惑面前總能保持足夠的定力，絕不讓金錢腐蝕了自己的靈魂。在《猶太法典》中還有這樣的規定：禁止賣牛的時候在牛身上塗抹不同的顏色，也反對把其他各種動物的毛髮弄得硬邦邦的。因為牛塗上顏色後會比原來更漂亮，動物的毛髮弄得硬邦邦的會使牠看起來更大一些。相似的規定還有很多，其宗旨均是不要為了賺錢而出賣靈魂。

也正是因為早期猶太商人嚴格遵循了這些法典，而且在長期的商業實踐中不斷完善這種道德意識，才使他們不管是流亡到哪裡，都能在那裡率先成為富有者。猶太人向來只拿屬於自己的東西，而屬於自己的東西就是指已經付過錢的，他們把這當成一種傳統。

有個猶太婦女去買東西，當她從百貨公司回到家裡從袋中取出物品時，忽然發現裡面有一枚戒指，而事實上她並沒有購買。她把此事告訴了小兒子，並帶著孩子一起去找拉比（註：拉比是老師、智者的象徵，在猶太人的社會中地位十分尊崇。），請教此事的處理方法。拉比跟他們講了《塔木德》中的一則故事：有位拉比平日靠砍柴為生，每天要把砍的柴從山裡背到城裡去賣。拉比為了節省走路的時間，決定買一頭驢。拉比向阿拉伯人買了一頭驢牽回家，徒弟們看到拉比買了頭驢回來，非常高興，就把驢牽到河邊去洗澡，結果驢脖子上掉下一顆光彩奪目的鑽石。徒弟們高興得歡呼雀躍，認為從此可以脫離貧窮的樵夫生活了，可是拉比卻要他們趕快去街上把鑽石還給阿拉伯人。拉比說：「我買的只是驢子，而沒有買鑽石。我只能擁有我所買的東西，這才是正當行為。」

阿拉伯人非常驚奇：「你買了這頭驢，鑽石在驢身上，你實在沒有必要拿來還我。你為什麼要這樣做呢？」

拉比回答：「這是猶太人的傳統。我們只能拿付過錢的東西，所以鑽石必須還給你。」阿拉伯人聽後肅然起敬，說：「你們的神必定是宇宙中最偉大的。」

聽罷這則故事，婦人立即決定把戒指還給百貨公司。拉比告訴她：「如果對方問你退還戒指的原因時，你只需說一句話就行：『因為我們是猶太人。』請帶著孩子一塊去，讓他親眼目睹這件事，他一定會對自己母親的正直與偉大留下深刻的印象。」

從這則故事中可以得到啟示：猶太人看待金錢是很有原則的。正所謂「君子愛財，取之有道」。猶太商人最重道義，對於金錢，他們堅持取之有道，從不耍手段去騙錢。從意識層面來說，他們認為對利益的追求應該受到一定的制約並有所節制。

以義制利是給私利的追求提出一個標準，凡符合「義」的要求便是正當的，凡不符合

「義」的要求則是不正當的，這就是所謂的「求之有道」。在對利的追求上，問題不在於是不是追求私利，而在於對私利的追求是否合理。只要符合「義」的要求，即使如舜從堯那裡接受天下，也是合理的；相反的，如果所求不符合「義」的要求，那就是不合理的，即使是一碗飯、一分錢，也是不能要的。既然對利益的追求要符合義的要求，那麼在有利可圖時，就要先想一想是否合乎道義，以此來決定取捨，符合道義的就取，不符合道義的就不取。這就是「見利思義」，即不取不義之財。

金錢是上帝的獎賞

在猶太人看來：「富有的愚人之話，人們會洗耳恭聽；而貧窮的智者之箴言，卻沒有人去聽」。

猶太人認為金錢是上天賜予的禮物，是上帝對人們美好的祝福。他們對金錢的熱愛不僅出於現實生存的需要，而是將其視為一種精神的寄託。簡言之，金錢成為猶太人現實生活的精神寄託。猶太人有著經商傳統，錢在猶太人心中永遠是商業行為的終極目標，也是判斷其成敗的最終標準，猶太人對金錢幾乎到了頂禮膜拜的程度。在兩千多年的流浪歷史中，猶太人沒有自己的土地，也沒有自己的國家，他們只能在異國他鄉寄居生存。而唯一能掌握的便是透過經商而賺來的錢，金錢在猶太人的世界成了萬能工具，它不但給猶太人生存的機會，而且能為猶太人爭得權力和地位。

猶太人在各地流浪，當他們遭到各地統治者驅逐的時候，金錢可以換取別人的收留和保護；在當地人發起反猶暴亂的時候，他們可以透過金錢而求得一條生路；他們外出做生意遭到土匪搶劫的時候，錢可以贖回他們的性命。金錢對於猶太人來說，是他們能看得見、摸得著、實實在在的「保護神」，是可以永遠保護他們，讓他們平安的「上帝」。

在歷史上，金錢曾多次充當猶太人的保護神。比較著名的當數二十世紀七〇年代末的「摩西行動」。埃塞俄比亞猶太人是黑人猶太人，他們自稱「貝塔以色列」，意為「以色列之家」。為了讓這些人返回家園，以色列政府在埃塞俄比亞政府不肯放猶太人出境的情況下，必須先設法處理好和埃塞俄比亞鄰國蘇丹的關係，讓埃塞俄比亞猶太人先通過邊境到達蘇丹，再由蘇丹返回以色列。當時的蘇丹政府是敵視以色列的，為了讓其同意以色列的計畫，以色列政府採用了贖買的方式。以色列一方面請求美國向蘇丹提供高達數億美元的財政援助，另一方面也以差不多每人三千美元的費用，向蘇丹支付了六千萬美元的贖金，這些資金源於世界各地猶太人的捐款。這次行動被稱為「摩西行動」，共有一萬多名埃塞俄比亞猶太人被接回以色列。

由於此次行動是在蘇丹政府默許的情況下進行的，不能做得過於公開。在這個關鍵時刻，以色列政府得到了一位猶太商人——比利時百萬富翁喬治・米特爾曼的大力協助。米特爾曼擁有一間跨歐洲的航空公司，其飛行員和機組人員對蘇丹首都喀土穆的機場情況非常瞭解。米特爾曼同意將公司的飛機交由以色列政府自由支配並對此事保密。後來，由於情報洩露，蘇丹通道被關閉了。就這樣，從一九七九年起到一九八五年上半年為止，共有一萬多名埃塞俄比亞猶太人回到了以色列，另有約一萬名仍滯留在埃塞俄比亞。這意味著，以色列政府為每個猶太人由蘇丹返回家園支付了六千美元。以色列以政府名義贖回猶太人的這一行動還得到許多猶太巨富的資助和支持。可見，錢對猶太人來說絕不僅代表財富，而是居於生死之間，居於他們生活的中心地位，這樣的錢必定已具有某種「神聖性」。由於歷史和宗教的原因，歷史上猶太人的命運始終處於風雨飄搖之中。在遭受異族排擠時，在面臨反猶分子的血腥殺戮時，他們不只一次地花錢消災。這時，我們應當能明白猶太商人不惜一切賺錢的真正原因了，因為賺錢對他們來說是為了生存。

十七世紀的荷蘭是世界上第一個典型的資本主義國家。當時，荷蘭一方面已經擺脫了西班牙的軍事、政治統治，另一方面也擺脫了宗教的干涉和紛爭，工商業尤其是商業發展很快，它的資本總額比當時歐洲其他所有國家的資本總額還要多。

一六五四年九月，一艘名為「五月花」的船由巴西抵達荷屬北美殖民地的一個小行政區新阿姆斯特丹，這裡屬於荷蘭西印度公司的前哨陣地。「五月花」為北美帶來了第一個猶太人團體，二十三個祖籍荷蘭的猶太人，他們是為了逃避異端審判而來到新阿姆斯特丹的。但當他們筋疲力盡地抵達這裡時，出於宗教偏見，當地的行政長官彼得·施托伊弗桑特卻不允許他們留在當地，而是要他們繼續向前航行，並呈請荷蘭西印度公司批准驅逐這些猶太人。

不過，施托伊弗桑特沒有想到，當時的荷蘭已不是中世紀的荷蘭，猶太人也不是毫無權力和任人宰割的。這些新來的猶太人一方面據理力爭，一方面設法與荷蘭西印度公司中的猶太股東取得聯繫。在猶太股東，也就是施托伊弗桑特的「雇主」之有力干預下（荷蘭西印度公司對猶太股東的依賴遠甚於對施托伊弗桑特的依賴），這個小行政區的行政長官不得不收回成命，准許猶太人留下，但保留了一個條例：猶太人中的窮人不得增加行政區或公司的負擔，應由他們自己設法救濟。這個條件對猶太人來說毫無意義，他們有足夠的能力照顧好自己。這些猶太人就此定居下來，並且建立了北美洲第一個猶太社團，此後，這裡更發展成北美洲最大的猶太居住區。

眾所周知，經濟是政治的基礎，政治反作用於經濟。精明的猶太商人早已滲透了金錢與權力之間的玄妙關係。他們以金錢為餌，換來了政治上的發言權，又靠著政治資本，在商場上自由馳騁。「國會山之王」是美國政治活動家保羅・芬尼利在其所著的《美國親以色列勢力內幕》一書中第一章的標題，也是他對美國猶太人院外活動組織「美國以色列公共事務委員會」（簡稱美以委員會）的稱呼，從這一稱呼裡，我們不難看出美國猶太人對美國政府最高決策層的決定性影響。用該書中的話來說：「美以委員會實際上已有效控制了國會所有的中東政策行動，這絕非誇大之詞。參眾兩院的議員，幾乎無一例外地遵照其旨意行事，因為多數人把美以委員會當做在國會裡的政治影響力的代表。一位議員能否連任，這股勢力可說是握有生殺予奪的大權。」毫無疑問，這股力量就是美國猶太人的力量。說得更明確些，就是由美國猶太商人的經濟權力衍生出來的「政治權力」。

美國猶太人雖然占全世界猶太人的四〇％，但以其六百萬人口的數量，只占美國總人口的三％，投票人的四％，憑什麼「予奪」了議員的連任資格？他們憑恃的就是手中掌握的大量金錢。在猶太民族的歷史上，金錢一直都是他們賴以存活的根本。金錢對於猶太人來說就好比生命，因此，猶太人對財富的追求鍥而不捨。

懂得享受生活

猶太民族是一個很會享受的民族，健康是猶太人最大的本錢。猶太人浪跡天涯，常常遭人歧視和迫害，但是並沒有因此而滅絕，這不能不歸功於他們養生有術——注重健康。

在猶太人看來，人生的目的，不外乎是能隨心所欲地吃到美味可口的食物！

猶太人有個習慣，就是不在餐桌上談論工作。

猶太人的工作簡直就和打仗一樣充滿了戰鬥的氣息，即使是一分鐘也要盡量抓緊，他們就是這樣拚命賺錢的。在這種緊張的工作氣氛下，倘若忙了一整天，到了晚上能好好地吃頓可口的晚餐，那將是多麼美好的享受啊！這頓香噴噴的飯菜就是對自己努力工作的最好獎賞。

猶太人說，人生就是為了吃飯而活著，要好好地享受吃飯的樂趣。他們還說，香噴噴的飯菜是上帝賜給自己的禮物，一定要好好享受，他們把吃飯當作是一種高級的享受。尤其是晚餐，在豪華的飯店裡享受精緻美味的食物，猶太人就和朋友們一起開始天南地北地聊，但是他們有三不談：不談政治、不談戰爭、不談女人。

善待自己，注重享受，這就是猶太人的人生觀。因此可以說，賺錢是為了享受，這是猶太人賺錢的目的，也是他們對於商業目的的最好詮釋。猶太民族在經商時勞逸有度，使工作與生活有所平衡，真正體會到人生的真諦。

不懂得休息的人是愚蠢的人。連「視錢如命」的猶太人也願意放棄錢來休息，那些為錢所束縛的人們為什麼不保護一下自己的生命，在工作之餘找點時間休息呢？

一支弓如果一直繃著，即使是鋼做的，也會失去彈力。同樣的，不管大腦多麼聰慧，長時間的緊張，過度疲勞的思考，就會變得麻木，猶太人就是用八分的緊張和兩分的鬆弛來保持最佳的工作狀態。

根據猶太律法，休息日的活動範圍原則上是從街口起一公里，當然，這個規則在現在猶太人當中已經沒有什麼約束力了。但是，作為一種思考方式，即以不疲勞為限，還是得到了廣泛的認同。

來看看洛克菲勒的教訓吧！洛克菲勒在三十三歲時第一次賺到了一百萬美元。四十三歲時，他建立了世界上前所未有的最大壟斷企業——「標準石油公司」。但他在五十三歲時又是如何呢？煩惱和高度緊張的生活已經破壞了他的健康，他的頭髮全部掉光，甚至連眼睫毛也一樣，看起來像個木乃伊。

根據醫生的說法，他的病是「脫毛症」，這種病通常是由於過度緊張而引起的。他的頭部光禿禿的，模樣很古怪，使他不得不戴上帽子。後來，他訂做了一些假髮，從此他就一直戴著這些假髮。做不完的工作，無窮的煩惱，長期的不良生活習慣，經常失眠以及缺乏運動和休息，已奪去他的健康，使他挺不起腰來。洛克菲勒早在二十三歲的時候就全心全意追求他的目標。當他做成一筆生意，賺到一大筆錢時，他就高興地把帽子摔在地上，痛痛快快地跳起舞來；但如果失敗了，他也會隨之病倒。

「缺乏幽默感和安全感」，是洛克菲勒的最佳寫照，他說：「每天晚上，我一定要先提醒自己，我的成功也許只是暫時性的，然後才躺下來睡覺。」他手上已有數百萬美元可以任意支配，但他仍然擔心隨時會失去一切。他沒有時間玩樂，從未去過戲院，從沒玩過紙牌，從來不參加宴會。正如馬克・漢娜所言：「在別的事務上他很正常，唯獨為金錢而瘋狂。」

這些就是洛克菲勒前半生的真實寫照，他為了金錢、為了事業，將自己徹底搞垮了。美國著名企業家福特說過：「只知工作而不知休息的人，就像沒有剎車的汽車，是相當危險的。」五十三歲以前的洛克菲勒一直沉溺於賺錢中，使他的身體每況愈下，最終洛克菲勒選擇了退休。他學習打高爾夫球、整理庭院和鄰居聊天、打牌、唱歌。總之，他是徹底地休息，開始善待自己了。

猶太人認為，活著就是為了享受，應該在條件允許的情況下盡量善待自己。一位住在芝加哥的猶太人已經七十歲了，卻要買一間豪宅，別人覺得很奇怪，問他：「你年紀這麼大，在世上的時間也來日無多了，還要這麼大的房子幹什麼？」這位猶太人反問道：「難道只剩幾年的壽命就不能享受了嗎？」

這真應了美國詩人惠特曼的那句話：「人生的目的除去享受外，還有什麼呢？」閒暇有兩種，一種是愜意的，一種是折磨人的。大家還記得漁民和富翁曬太陽的經典故事吧？不過很多人卻誤解了它的意思，認為富翁辛苦了一生，到頭來所能享受的，不就是躺下來曬曬太陽而已嗎？而這一切，漁民能夠天天享受到。

錯了！富翁與漁民在曬太陽的時候，心情的差別是很大的。

富翁享受的是閒暇，而漁民卻不能享受這種閒暇，他得擔心如果捕不到魚會不會餓肚子。如果有了老婆孩子，那情況就更糟了，他必須為家人的生活而擔憂，你想他的心情會有富翁的好嗎？

無事可做的時光對有錢人來說，那是一種詩意，而對於為生計而忙著找工作的人來說，那是一種可怕的折磨。所以，我們每個人都在努力工作，為的就是能夠賺到足夠的錢，讓我們的閒暇時間變得有詩意。如果有足夠的薪水，那麼就可以提早退休，然後，要雲遊四海還是找塊地安享晚年，就由你自己決定了。

此外，在猶太人看來，只有大把地賺錢、大把地花錢，這才是富人的做法。猶太人認為，生活要過得幸福和開心，日子一定要有滋潤的感覺，不要怕花錢，需要花錢時就痛痛快快、大把大把地花。猶太人喜歡在那些裝潢考究、氣氛優雅的飯店內用餐，而且一吃就是兩個小時，吃得極為豐盛。對於一個商人來說，賺錢的時候有運籌帷幄的能力，花錢的時候就大把大把地花，這樣才能顯示出商人的自信、氣定神閒、從容不迫，也才算是一個真正的商人。

第二章 經商之根本——做人

應該怎樣做人，明白做人的道理，做一個什麼樣的人？這是一門學問，也是一門藝術，有些人終其一生都不清楚到底應該怎麼做人。做人是每個人一生的必修課。猶太民族是一個堅強的民族，不僅表現在經商上，更表現在做人上。

做一個謙虛的人

謙虛是使人不斷進步、獲得成功的一個重要內在因素。

謙虛，是猶太民族最重要的美德，他們隨時都保持著謙虛謹慎的作風。有一句古諺：「滿招損，謙受益。」意指，驕傲招來損失，謙虛得到益處。猶太民族是世界上最聰明的民族，他們知道謙虛是使人不斷進步，進而獲得成功的一個重要因素。那麼在猶太人的眼裡，怎樣做一個謙虛的人呢？

首先，他們要做到實事求是地看待自己，清晰地審視自我，不要目中無人。謙虛的人總是既能看到自己的優點和長處，又能看到自己的缺點和短處；既看到已取得的成績，又懂得不論成績有多大，對於偉大的事業來說，只不過是達到了一磚一瓦的作用。當人們稱頌一些猶太人取得的光輝成就時，他們卻認為自己的那點成績微不足道。謙虛的人總是努力不懈、積極進取、銳意奮進的，在很多猶太人的故事裡都可看到這樣的特點。

其次，謙虛就是要對別人有客觀的評價，意即要懂得欣賞別人，尊重別人甚至是對手。謙虛的人會隨時向別人請教，有事和大家商量，所以，謙虛的人能夠主動地取人之長、補己之短，不斷從集體和群眾中汲取養分以充實自己，為自己的進步和成功創造良好的條件。

再次，謙虛不是虛偽，更不能妄自菲薄。事實上，過分的謙虛是一種驕傲的表現，會給人虛偽的感覺。要有清醒的認識，但也不要自卑。自卑的人往往不會獲得太大的成功，它也是一個人事業上的絆腳石。驕傲固然要不得，自卑也同樣不可有。任何人都有他的優勢，要對自己有足夠的信心。

在猶太人的歷史中，那些賢人拉比都是很謙虛的人。對他們來說，無論是年長者還是年輕人，無論是窮人還是富人，他們身上都有自己所沒有的優點。這些賢人拉比還認為，如果誰喜歡別人的誇讚，那將是十分可悲的。在他們眼中，真正的謙虛絕非有意的做作，而是自然的流露。猶太人也一直在踐行著「謙虛」的美德，即使是那些最偉大的人物也不例外。

猶太人認為，謙虛謹慎是成功人士必備的品格，具有這種品格的人，在待人接物時能溫和有禮、平易近人、尊重他人，善於傾聽他人的意見和建議，能虛心求教，截長補短。對待自己時有自知之明，在成績面前不居功自傲；在缺點和錯誤面前不文過飾非，能主動採取措施改正。

謙虛永遠是一個人建功立業的前提和基礎。具有謙虛品格的人不喜歡裝模作樣、擺架子、盛氣凌人，能夠虛心向群眾學習，瞭解群眾的情況。

美國第三任總統湯瑪斯・傑弗遜提出：「每個人都是你的老師。」傑弗遜出身貴族，他的父親曾經是軍中的上將，母親是名門後代。當時的貴族除了發號施令以外，很少與平民百姓來往，他們看不起平民百姓。然而，傑弗遜沒有秉承貴族階層的惡習，而是主動與各階層人士交往，他的朋友中當然不乏社會名流，但更多的是普通的園丁、僕人、農民或者是貧窮的工人。他善於向各種人學習，深知每個人都有自己的長處。

有一次，他和法國偉人拉法葉特說：「你必須像我一樣深入民間，去走一走、看一看他們的菜碗，嘗一嘗他們吃的麵包，只要你這樣做的話，你就會瞭解到民眾不滿的原因，並會懂得正在醞釀的法國革命的意義了。」由於他作風樸實、深入實際，雖貴為總統之尊，卻很清楚民眾究竟在想什麼，到底需要什麼。

謙虛的品格，還能使一個人在面對成功、榮譽時不驕傲，把它視為一種激勵自己繼續前進的力量，而不會陷在榮譽和成功的喜悅中不能自拔，把榮譽當成包袱背起來，沾沾自喜於一時之功，不再進取。

居里夫人以她謙虛的品格和卓越的成就獲得了世人的稱讚，她對榮譽的特殊見解，使很多喜歡居功自傲、淺嘗輒止的人汗顏不已。也正因為受她的高尚品格影響，後來她的女兒和女婿也踏上了科學研究之路，並再次獲得了諾貝爾獎，成為令人敬仰的兩代人三次獲諾貝爾獎的優秀家庭。

為了取得傑出的成就，一定要把謙虛當作人生的第一美德來培養。

善於反省的猶太人

聰明人要善於自我反省。自我反省是提高一個人認知能力和辦事能力的手段。

猶太人認為，人生的失敗有很大部分的原因是由自身的弱點造成的，因為人性的弱點最易讓人喪失理性，所以聰明人要善於自我反省。自我反省是提高一個人認知能力和辦事能力的手段，缺乏自我反省，這是盲目者最顯著的特徵。一個錯誤太多的人，只能在失敗的道路上走得更遠。

猶太商人洛德爾的檔案櫃中有一個私人檔案夾，標示著「我所做過的蠢事」。檔案夾中有一些他自己認為曾經做過的傻事資料，每一份檔案都是他自己記錄下來的，當然，他可不是那種小肚雞腸的人，不會對那些傷害過自己的人耿耿於懷，而是要前事不忘，後事之師。這些記錄，洛德爾每週都要定時拿出來看一看，以提醒自己，在進行決策的時候，要避免再次犯下同樣的錯誤。

有人對他的舉動表示不解，尤其是他的家人。他們希望洛德爾能在週末的時候與家人聚在一起，享受一下家庭團聚的快樂，可是他卻從不挪出時間來。有一次，他的女兒實在想不通，於是就問他：「爸爸，我知道別人家的週末都是在一起過的，可是印象中我們家卻從來也沒有，爸爸，難道你不喜歡這樣嗎？」

「親愛的女兒，你不知道，我之所以週末也在忙，實際上是為了我們一家能夠過得更好！」

「我知道，爸爸週末加班是為了能夠使我們過得更好，可是我還是有件事不明白。」

「什麼事？」

「那您週末都做什麼呢？」

「我週末的時候只做一件事，就是對我一週的工作進行反思。」

「反思什麼？」

「親愛的女兒，我反思自己這一週以來是否做過錯事，有什麼需要改正的，我能從中吸取什麼教訓呀！」

「您為什麼反思這些東西？想這些不愉快的事情不是會讓您心情更糟糕嗎？」

「你有所不知，我以前曾經犯過很大的錯，而且更令我無法接受的是，這樣的錯誤，我竟然連續犯了兩次。所以從那以後我準備了一個筆記本，把每天的工作都記錄下來，然後在週末時反思這一週的工作情況。」

「那有效果嗎？」

「當然有了。從那以後，我的工作日勝一日，我的事業才變得愈來愈好。孩子，你以後就會知道，一個人如果失去反省的能力，他就看不見自己的問題，更無法自救。假如一個人不常常反省或管理自己，便很容易把責任推給別人，犯自以為是的錯誤。」

「原來是這樣啊！爸爸，我以後一定要像您一樣善於反省。」

「不是以後，記住，反省應該是一種習慣，從現在開始就應該養成這種習慣。」

「好的，爸爸，我一定從現在開始努力。」

「好孩子，爸爸相信你一定會成功的！」

洛德爾善於反省的事例告訴人們，反省能讓人們更清楚地認識自己，察覺到自己所設下的限制，以及思考中的某些盲點。這樣，生活、事業才能更成功。

學會笑臉迎人

「笑」是打開人與人之間隔閡的最好鑰匙，也是走向成功的必備武器。

不要認為當個成功的商人就應該是嚴肅、冷酷、不苟言笑的。其實不然，作為一個成功的商人還是要「微笑」，微笑的面對生活、面對困難、面對你的對手！「笑」也是一種走向成功的武器。世界上以經商著名的猶太人對這一點就深有體會。猶太商人之所以能成功，「笑」的作用可謂功不可沒。

與猶太商人打交道時，你會發現，他們的談判通常都是以微笑開始的。談判前，猶太人會準時到達談判地點，絕不讓你等候一分鐘。雙方見面後，猶太人非常的謙卑，客氣地向你問候，特別是他們一直保持著微笑與你交流，那甜蜜的笑容讓你覺得整個世界都是美好的。然而一旦進入談判，他們會把談判的條件提得很高，和雙方的協定差距甚遠，而且為了合約上一個細小的地方會和你討價還價。雙方於是開始不停地爭論，最後竟演變成激烈的爭吵。第一天談判，雙方不歡而散。

但是，第二天，猶太人又會和你約定談判的時間和地點，他們說話的神情十分熱情和真誠，態度也是那樣的溫和與客氣，彷彿昨天的種種不愉快從沒有發生過一樣。猶太人的態度變化之快，簡直讓人覺得不可思議，詢問他們態度為何發生如此大的變化時，猶太人哈哈一笑：「人的細胞代謝得快，昨天吵架的細胞已經被今天溫和的細胞代替，所以今天沒有必要再記恨嘛！」

猶太文化強調人與人之間要有健康而友善的關係。猶太歷史上最著名的拉比之一希拉爾曾對猶太文化的精髓做過界定，其著名的主張是「己所憎惡，勿施於人」。希拉爾出身貧寒，他靠自己的勤奮掌握了淵博的知識，成為猶太教首席拉比，他是猶太教徒最尊重的人，他的言論一直被人們廣泛引用。可見，他的思想對猶太人影響頗深。

提倡對顧客微笑服務的希爾頓深諳「和氣生財」的道理，來看看他是怎樣做到這點的。

希爾頓是一個有名的旅館業商人，當他的事業進入軌道，並賺到可觀的利潤時，他自豪地去告訴母親。沒想到母親卻不以為然，而且還提出了新的要求：「你現在與以前根本沒有什麼兩樣，事實上你必須把握住比幾千萬美元更值錢的東西。除了對顧客誠實之外，還要想辦法使希爾頓旅館的客人住過了還想再住。你必須想出一個簡單、容易、不花錢而又行之久遠的辦法來吸引顧客，這樣你的旅館才有前途。」

「簡單、容易、不花錢而又行之久遠」，具備這四個條件的究竟是什麼辦法呢？希爾頓為此而苦思好久，仍然不得其解。當他以顧客的角度去感受消費者希望在住宿時，提供什麼最好的服務？而且是一個簡單、容易、不用錢的服務？他終於如夢初醒，那就是「微笑」。他對員工最常說的一句話就是：「今天，你對顧客微笑了嗎？」他要求每個員工，不論如何辛苦，都不能將自己心裡的不愉快掛在臉上。

就這樣，無論大環境如何變化，旅館遭受什麼樣的困難，希爾頓旅館的員工臉上招牌的微笑始終如一，永遠是旅客的陽光。微笑是希爾頓成功的秘訣，他曾說過：「如果我的旅館只有一流的設備，而沒有一流服務員的微笑的話，那就像一家永不見溫暖陽光的旅館，又有何情趣可言呢？」

作為公司的老闆，對待自己的屬下，也要講究以「和」為貴。卡內基的姪女約瑟芬曾經擔任過他的秘書，年僅十九歲的她由於沒有工作經驗而經常出錯。這時，卡內基並不是對她採取言語上的取笑或是諷刺，也不是對她嚴厲的批評，而是採用一種溫和得體的方式讓她改正錯誤，並提醒她以後不要再犯。

一天，約瑟芬再次犯了錯，卡內基正想批評她，但馬上又對自己說：「等一等，戴爾‧卡內基。你的年紀比約瑟芬大了一倍，你的生活經驗幾乎是她的一萬倍。你怎麼可能希望她有與你一樣的觀點，有你的判斷力，有你的衝勁呢？雖然這些都是很平凡的，但是，你十九歲時又在幹什麼呢？還記得你那些愚蠢的錯誤和舉動嗎？」

於是，在面對約瑟芬時，他這樣說道：「約瑟芬，你犯了一個錯誤，但我所犯的許多錯誤比你的更糟糕，你當然不能天生就萬事精通。成功只有從經驗中才能獲得，而且你比我年輕時強太多了。我自己曾做過那麼多的愚蠢傻事，所以根本不想批評你或任何人。但難道你不認為，如果你這樣做的話，不是比較聰明一點嗎？」

剛開始工作時，約瑟芬的工作能力實在有待改進，但現在她已是西半球最完美的秘書之一，其中的變化之大真是讓人覺得不可思議。可見對於員工，一定要以「和」為主，這種做法是在對方做錯事後給予正確的心理安慰，它的作用是深遠、持久的！

猶太人在其民族文化的影響下，再加上其長久被迫流離失所的狀況，普遍形成一種「謙和」的耐性。猶太商人就善於利用自己的此一特點，在經商的一切活動過程中，充分發揮「和氣」的作用。這種和氣的儀表，在人際交往中確實有融合劑的作用，它很容易把對方吸引住。

為什麼這樣說呢？因為人是群體的動物，人與人之間能否和睦相處，對事業影響很大。企業家製造出來的商品或服務，因得人喜愛而賺錢發財；政治家開展政治工作，因得人而昌；歌唱家的演唱，因得樂隊的伴奏和觀眾的捧場而被接受……總之一切都離不開人。猶太人領會到此一道理，把人與人的關係處理好，成為他們事業成功和發財致富的一種技巧。

跟猶太人學忍耐

生活中需要學會忍耐，忍耐能磨鍊一個人的意志力，是激發人進取的動力。

猶太人提倡忍耐，而且他們的忍耐能力之強讓人側目。在近兩千年深受迫害的歷史中，為了生存，他們學會了忍耐，汲取了各種忍耐的經驗，並且懂得怎樣忍耐。

猶太人這樣解釋忍耐：「我們人的細胞時時刻刻都在變化，每天都在更新，所以昨天吵架時，您的細胞到今天早晨已經變成了新細胞。吃飽了和餓肚子時的想法是不一樣的，我僅僅是等您的細胞變化罷了。」多麼生動、形象而又有趣的闡釋。

猶太人的忍耐，創造出他們賺錢的絕招：在忍耐中爭取應得的一切。

雖然受近兩千年的迫害和殺戮，但始終沒有磨滅他們生存的意志；相反的，他們活得好好的並學會了忍耐，這種忍耐不是消極的屈服，而是一種樂觀積極的民族精神。在他們的信念中，人類在變化，社會隨著人類的變化而改變，社會一變，猶太民族也必能隨之復興。猶太人的堅定耐心和具有悠久歷史的忍耐力是常人難以置信的，但是，他們的忍耐也是有先決條件的，是有「限度」的。

精明的猶太商人最擅長計算，他們有極強的判斷能力。如果他們認為自己的合作夥伴在某方面有利於自己，能夠為自己帶來財富，那麼，他們就能以堅定的耐心，等待對方轉變心情或者等待時機的到來。

羅恩斯坦就是一個很好的例子。在他看好斯瓦羅斯基的公司時，就耐心地等待，一直等到第二次世界大戰結束，機會終於來了。

羅恩斯坦以自己靈活的頭腦、巧妙的戰略、最佳的策劃，終於取得斯瓦羅斯基公司的「代銷權」，進而輕輕鬆鬆就賺取了十％的利潤。猶太人考夫曼能成為股市「神人」，是他頑強忍耐奮鬥的結果。

一九三七年出生於德國的他，因遭受納粹的迫害，一九四六年隨父母到美國定居。他剛到美國時不懂英語，進學校讀書讀得非常辛苦，但他很有耐性，不怕別人嘲笑，大膽地與美國小朋友交談，從中學習英語。他還利用課餘時間補習，就連吃飯和走路時也常背誦英語詞句。半年時間過去，他能熟練地說英語了。他家境不佳，卻以半工半讀的方式讀完了大學學業，並先後獲得了學士、碩士和博士學位。

在工作中，他不辭勞苦刻苦鑽研，從銀行的最低層職員做起，直至成為世界聞名的所羅門兄弟證券公司主要合夥人，以至成為首席經濟專家和股票、債券研究部負責人。他對股市料事如神，成為美國證券市場的權威人士之一。

巴拉尼是生於奧地利維也納的猶太人，他年幼患了骨結核病，由於家貧無法醫治，使他的膝關節永久性僵硬，行走不得。但他沒有灰心喪志，而是忍著各種痛苦，艱苦奮鬥，刻苦攻讀，終於在醫學上取得了驚人的成就，除了榮獲奧地利皇家授予的爵位外，一九一四年還獲得諾貝爾生理學及醫學獎金，一生發表了一百八十四篇相當具有價值的科研論文。

但是，凡事都有個「限度」，猶太人的忍耐也是有限度的。他們所等待的是自己比較有把握的事，一旦他們覺得無利可圖，別說三年，就連三天他們也不等，而且可能立即抽身，另謀生計。

猶太人在決定對某種生意投入資金和人力時，他們會預先勾畫好三種藍圖：一個月後的情形、兩個月後的情形及三個月後的情形。如果一個月實際經營的業績和預先構想的藍圖相差太大時，他們沒有一點不安或氣餒，而是繼續投入資金和人力。如果兩個月以後，成績和藍圖仍然存在差距，就再追加投資。但是，三個月以後，如果成績仍然不能實現預先勾畫的藍圖，無法達到目的，並且也沒有任何跡象顯示業績將會有所好轉，加之暫時還沒有找到使生意好轉的途徑時，他們就會斷然放棄。

所謂的撒手停辦，就是徹底放棄迄今為止投入的全部資金、人力和物力。即使這樣，猶太人也絕不會唉聲歎氣，不會埋怨命運，仍然鎮定自若，因為他們生性樂觀，對事物多角度的理解分析使他們的心地豁達，他們總能為自己找到解脫和自我安慰的方式。因為他們認為，生意雖遭失敗，但卻能及時停辦，還沒到那種一塌糊塗、不可收拾的地步。注意買賣中的「限度」，這是明智的自我保護行為。

猶太人面對失敗、挫折時，確立忍耐制勝的法則是：

第一，面對「失敗」持正確的態度，不僅要忍受失敗，還要懂得失敗乃是成功必經的過程。

第二，焦點不要對準過錯與失敗，應對準遠大的目標，活用自己的過錯或失敗。

第三，遇到失敗時，千萬不能氣餒，要堅忍不拔、矢志不移。

第四，發現此法不通時，要設法另謀出路，使自己順應環境、適應潮流。

第五，要善於伺機，巧於乘勢，等待機遇。

誠實的楷模

商業就是提供一種服務。只有以誠相待，取得別人的信任，才可以獲得利潤。而單純地想從別人的口袋裡撈錢，無異於搶劫。

作為「世界第一商人」，猶太民族與其他民族打交道最多。曾經一度顛沛流離的猶太民族，沒有被其他民族同化或湮滅，並且還能不斷從別人的腰包中賺大把大把的鈔票，一個重要的原因就在於他們誠信經商、坦誠為人、尊重他人、彼此寬容的道德操守。

因為嚴於律己、重信守約，猶太商人才贏得了「世界第一商人」的口碑；而誠信經商，更使得猶太商人得到了世人的信任和尊敬，這在商業社會無疑是一筆最重要、最寶貴的無形資產。

在猶太人看來，誠實是支撐世界的三大支柱之一，另外兩個是和平與公正。在猶太人的歷史中，他們曾遭人歧視壓迫，更遭受了無數的詐欺和惡意的譭謗，也飽嘗了美麗的謊言背後的兇險和惡毒。因此，他們對說謊者極為反感，對詐欺深惡痛絕，他們絕不容許自己撒謊騙人，更不允許別人欺騙他們。但是，與眾不同的是，對說謊者他們不會予以鄙視，也不會有置之死地而後快的報復心理，他們想到的往往是寬容與救贖。他們會報以可憐與同情之心，因為他們認為，撒謊者失去了人性中最寶貴的東西，這太可憐了。可見，猶太人可真是寬人嚴己、仁慈悲憫的大化之民。

在商業社會，人類制定了紛繁的法律和規章制度，目的就是要消除人性中「惡」的因素。但是，我們卻依然能看到，儘管人們可以針對制度、法律的不足不斷地完善它、修正它，但卻永遠不能靠它來建構起人類良知善性的大廈。為此，道德作為社會中調整人與人之間、人與自然之間關係的一種內在力量，就顯得尤為重要，儘管它不能保證人人向善從善，但卻能比制度、法制有著更深刻、更基礎性的教化力量。因此，現代物質文明的高度發達日益呼喚著人類的道德良知，道德的力量將是永恆的。

人類道德中包含著誠信、寬容、善良之類的基本要義，猶太民族可謂是人類道德的忠實實踐者，這不但表現在他們的日常生活中，也表現在猶太商人的商業行為中。

《羊皮卷》這樣告誡猶太人：**你們不可偷盜、不可欺騙、不可搶奪他人的財物、不可對著我起假誓褻瀆我的名。**

誠實為經商的第一要務，這是猶太人的經商法則。猶太人認為不貪圖小便宜、不偷稅漏稅、做一位誠實的人是很好的。他們把做生意是否誠實、遵守信譽放在第一條，把誠實擺在學習、工作、信仰和智慧之前，可見猶太人對誠信經商的重視程度。在商業上，猶太人厭惡那種流寇式的作戰方法和短期策略，即使是在到處被人驅趕、朝不保夕的時候，他們看重的也是長期合作、注重信譽、擁有很好的商業口碑，而且他們幾乎沒有假冒偽劣的商品。誠信意味著平等的交易、公平的競爭。

猶太人說，誠信經商是商人最大的善，所以在他們的生意場上最看重誠信，對於不誠信的人，他們是無法原諒的。在猶太人內部，他們之間極重視誠信和契約，一旦簽訂了就必須遵守，絕對不允許以任何理由拒絕履行契約。為了維護契約的神聖性，他們極為慎重，絕不讓契約有什麼漏洞，以免讓詐欺行有可乘之機。

《塔木德》上有這樣一個案例：一個老闆和雇工訂立了契約，規定雇工為老闆工作，每週發一次薪資，但薪資不是現款，而是工人從附近的一家商店裡購買與薪資等價的物品，然後由商店老闆來結清帳目領取現款。

過了一週，工人氣呼呼地跑到老闆面前說：「商店老闆說，不給現款就不能拿東西。所以，還是請你付給我們現款吧！」

不久，商店老闆又跑來結帳了，說：「貴處的工人已經取走這些東西，請付錢吧！」

在這種情況下，老闆應該怎麼處理好呢？

當然，首先是調查真相，但由於工人和商店老闆各執一詞，無法證明誰說了謊，而且雙方又都發誓說自己沒有說謊。所以，最後《塔木德》作者的結論只能是讓老闆付兩份薪資，一份給工人，一份給商店老闆。

人們稱猶太商人為「世界第一商人」，意思就是他們的信譽是世界一流的，可以獲得全世界的信賴，這一光榮稱號是他們幾百年甚至幾千年誠信經商的結果。

誠信經商是猶太商法的靈魂，是商業活動的最高技巧。在現代商業世界，恪守信用已成為許多企業的市場競爭手段。世界商業史上第一個提出「不滿意可以退貨」的就是猶太人。注重商業誠信，視信譽為經商的生命，這是猶太人走遍世界各地都受到歡迎、讓他們獲得巨大財富的生命之源。

第三章 向猶太人學處世——游刃商海

猶太人曾經在世界各地流浪，那時，他們沒有家園，生活極其艱辛。為了生存，他們不得不與各式各樣的人打交道，久而久之掌握了一套行之有效的處世方法，如說話謹慎、多多行善、團結合作、有幽默感等，這些都是猶太人行走世界的處世箴言，值得人們借鑒與仿效。

己所不欲，勿施於人

不要向別人要求自己也不願意做的事情。

孔子曾說過，「仁」就是「己欲立而立人，己欲達而達人」、「己所不欲，勿施於人」。同樣的，猶太歷史上最著名的拉比之一——希拉爾拉比也曾對猶太文化的精髓作過類似的界定。

希拉爾拉比出身貧寒，靠自己的天賦和勤奮，掌握了淵博的知識，多年來，他的言論一直被人們廣泛引用。

希拉爾拉比當了猶太教首席拉比之後，一次來了一個非猶太人，他要希拉爾拉比在他「能以一隻腳站立的時間裡，把所有的猶太學問告訴他」。可是，他的腳還未提起來，希拉爾拉比已要言不煩地把全部猶太學問濃縮為一句話告訴了他：「不要向別人要求自己也不願意做的事情。」

兩個古老民族的智者對各自文化做出了完全相同的界定，這並不奇怪，因為無論哪個民族，在人類生活的最本質特徵上都是一樣的，民族文化的成熟、集體智慧的發達，必然有相同的真諦。

人類的生活都是社會生活，這意味著人與人之間的最原始關係必定是一種互助互諒的關係，這種關係本身又必定建立在互相理解的基礎之上。也就是要從自身趨利避害的原則上找到理解他人的前提，「己所不欲，勿施於人」，就是一條與人相處時便於掌握應用的原則。

《塔木德》上說：「你如何待人，人如何待你。」人們總是根據對方的態度來採取相應的態度。你對別人抱以親切、友善的態度，那麼對方就會回敬你同樣的態度。態度的表現不過是一個微笑、一個眼神、一個動作、一句話……然而，它卻有著極大的魔力。

故事一：有一個人來找拉瓦拉比，請教他一個問題：「市長要我去謀殺一個人，我要是不去，市長就會派人來殺我。在這種情況下，我該怎麼辦？」拉瓦拉比回答說：「寧可讓他殺了你，也不要犯下謀殺罪，你為什麼認為你的血就比他紅呢？」

故事二：有兩個人外出旅行，走進了一片荒蕪的大沙漠。當時，這兩個人中只有一個人剩下一點水，這點水如果兩個人喝，則兩個人都將渴死在沙漠裡；如果一個人喝，則此人就可以活著走出沙漠。在這種情況下，他們應該怎麼辦？本・派圖拉比教導說：「擁有水的人應喝以活命。」

從小到大，我們都被教育要「己所不欲，勿施於人」，自己所不喜歡的、不願意做的事情，不能夠強加到別人身上。沒有人質疑過這句話當中所包含的哲理，也堅信它是對的。在第一則故事中，拉瓦拉比教導世人，任何人生來都不曾低人一等，我的血、我的命絲毫不比他人值錢。如果我們是故事中的主角，那麼所不願得到的就是死亡，但想活命的條件就是謀殺，也就是將我們所不願意承擔的死亡強加在第三者身上，這就是不道德的。拉比的話很容易理解，也符合我們的道德理念。

然而，當我們看到第二則故事的時候，我們就要深思了。「己所不欲，勿施於人」，似乎存在一個隱性前提—尊重他人，這個前提在某種程度上宣導了一種他人優先性的單向道德要求，往往導致了自我貶低價值，壓抑主體的結果。如果我們是沙漠中那個擁有水的人，我們的道德標準會告訴自己，必須要把水分給另外一個人，因為不能看著他死亡。

如果我沒有分水給他而導致他死亡，那麼這筆帳應該算在我身上，我就是那個兇手。當然，分水的結果可能導致兩個人都渴死，但是如果我一個人獨占水源而生存的話會受到良心的譴責，這就是自我貶低價值、他人優先性的典型表現。拉比對這個案例之所以得出這兩個結論，是分別基於如下兩條原則：人不應視自己的生命價值高於他人；一個人的生命價值絕對不低於他人。要是我們將這兩條原則結合在一起的話，可以看出，這不就是一條人己關係雙向對等的原則嗎？一個人沒有權利把自己不願意的東西（死亡）強加於他人（謀殺他人）身上，但也不應該把一般人都不要的東西（死亡）強加給自己（渴死）。當人己雙方都面臨著人類所不要的東西，而又必須由其中一方承受下來（哪怕純粹被動的）的時候，就讓每個人自己擁有的客觀條件來決定，而不做人為干預。

不可否認，任何道德體系都具有抬高整體而貶低自我的要求這一根本傾向，猶太民族的道德信條也不可能完全消除這種傾向。然而，在道德有可能逾越出「道德」的範圍而成為某種不道德時，猶太民族卻以合理地緊急制動，借懸置道德給出了最為道德的準則，這種以物的合理性（即物的歸屬）來規定人的合理性（即倫理或道德準則）之做法，表現了人的合理性與物的合理性之統一與融合。

用心傾聽他人

做一個好的聽眾，鼓勵他人談論他們自己。

猶太經典《塔木德》說：「要用兩倍於自己說話的時間去傾聽對方說話。」

和凡事不留心、注意力散漫的人相處，是一件令人非常不愉快的事情。如果你處在這樣的境地，就代表對方不尊重你。很顯然的，對任何人而言，這都是很難忍受的！無論你是誰，當你在面對認為值得注意的人時，都應該集中精神，全神貫注。同樣的，當別人以一種高度的熱情和專注力與你談話時，你也一定要以同樣的態度去面對他。當你和一個心不在焉的人在一起時，就好像他在暗示你，認為你是一個不值得重視的人。一個無法集中精神、投入全部精力去做事情的人，是無法圓滿地完成一項工作的，這樣的人也無法成為你永久的知心朋友。

如果你想成為一名優秀的交談者，就請做一個用心傾聽的人。正如一位猶太學者所說的：「要令人覺得有趣，就要對別人感興趣。」提出他人喜歡回答的問題，鼓勵他談談自己的想法。一個商業性會談成功的秘密是什麼呢？根據一位成功猶太商人的說法，「成功的商業性會談，並沒有什麼神秘的……專心注視著對你說話的人，是非常重要的。再也沒有比這麼做更具恭維效果了。」

艾略特是一位傾聽藝術大師。美國數一數二的小說家亨利・詹姆士回憶道：「艾略特的傾聽並不是沉默的，而是以活動的形式。他直挺挺地坐著，手放在膝上，除了拇指或急或緩地繞來繞去外，沒有其他動作。他面對著對方，似乎是用眼睛和耳朵一起聽他說話。他專心地聽著，並一邊聽一邊用心地思考你所說的話。最後，這個對他說話的人會覺得，他已說了他要講的話。」

淺顯而易懂，你不必讀牛津或劍橋大學就能夠發現這點。有些商人租借昂貴的店面賣他們的貨品，商店裝潢得美輪美奐，也花了大筆的廣告費，但卻雇用一些不懂得聽別人說話的店員——那些店員打斷客人的話，跟人家爭執，給人難堪，只會把客人趕出去。

我們注意到，常發牢騷甚至最不容易討好的人，在一個有耐心、具有同情心的聽者面前都會軟化而屈服下來。這樣的聽者即使被人家「雞蛋裡挑骨頭」的時候，仍然會保持沉默。

紐約電話公司在幾年前發現，該公司碰上了一個對接線員口吐惡言的用戶。他怒火中燒，威脅要把電話連根拔起，拒絕繳付一些費用，說那是無中生有的。他寫信給報社，到公共服務委員會做了無數次的申訴，也對電話公司提告。

最後，電話公司最幹練的「客服員」被派去會見那位「惹是生非」的用戶。這位「客服員」靜靜地聽著，讓那位暴怒的用戶痛快地把他的不滿全部發洩出來，而他僅是耐心地聽著，不斷地說「是的」，並對他的不滿表示同情。

「他滔滔不絕地說著，而我傾聽著，幾乎有整整三個小時。」這位「客服員」把他的經驗在卡內基班上敘述出來。「然後，我又繼續傾聽下去。我見過他四次，在第四次會面結束之前，我已經成為一名他要成立的一個組織的會員，這個組織叫做『電話用戶保障協會』，我現在仍是這個組織的會員，就我所知，除了那位老兄之外，我是世界上這個組織的唯一會員。」「我傾聽著，對他的這幾次見面中所發表的每一個論點抱著同情的態度。他從來沒見過一個電話公司的人跟他這樣談話，於是他變得友善起來。在第一次會面的時候，我甚至沒有提出我去找他的原因，第二次和第三次也沒有，但是第四次的時候，這件事就完全解決了。他把所有的帳單付清，而且撤銷對公共服務委員會的申訴。」

毫無疑問，那位老兄自認為是一位神聖的正義使者，維護大眾的權利，以免受到剝削。但事實上，他所要的是一種受尊重的感覺，他先以口出惡言和發牢騷的方式得到這種感覺。但當他從一位電話公司的代表那裡得到了這種感覺後，那無中生有的牢騷就化為烏有了。

請記住卡內基的忠告，跟你談話的人，對他自己、他的需求和他的問題，更感興趣千百倍。當你下次開始跟別人交談的時候，別忘了這點。

「吝嗇」也是一種好習慣

一個人的欲望是無窮無盡的，這些欲望是永遠都不會完全得到滿足的，如果把自己的收入花在不能滿足的欲望上，就會陷入欲望的無底洞中，永遠也無法發財了。

對猶太人來說，「吝嗇」也是一種良好的習慣。世界上流行這樣的說法：「猶太人是吝嗇鬼。」也就是說，猶太人對金錢十分吝嗇，花錢的時候很小氣。猶太人為自己的吝嗇感到高興，因為作為商人，對物品的斤斤計較和對金錢分分毫毫的計算和利用，是商人職業的本能反應，對猶太人來說，這簡直是對他們精明投資的一種褒揚。

「緊緊看住你的錢包，不要讓你的錢隨意地出去，不要怕別人說你吝嗇。你的錢每花出去一分，都會有兩分錢的利潤時，才可以花出去。」

很多猶太商人，對任何開支都精打細算，為的就是盡量降低成本、減少費用，他們總是說：「要把一元當作兩元來用，如果在一個地方錯用了一元，並不表示損失一元，而是相當於花了兩元。」

猶太人亞凱德轉向一位自稱是賣蛋的節儉人說：「假使你每天早上收進十顆蛋放到蛋籃裡，晚上再從蛋籃裡取出九顆蛋，結果會如何呢？」

「時間久了，蛋籃就要滿啦！」

「這是什麼道理？」

「因為我每天放進的蛋比取出的蛋多一顆呀！」

「好啦！」亞凱德繼續說，「現在我向你介紹發財的第一個秘訣，你們要照我告訴蛋商的發財秘訣去做。因為你把十元收進錢包裡，但你只拿出九元作為費用，這表示你的錢包已經開始膨脹。當你覺得手中錢包重量增加時，你的心中一定有滿足感。不要認為我說的太簡單而嘲笑我，發財秘訣往往都是很簡單的。剛開始時，我的錢包也是空的，無法滿足我的發財欲望，不過，當我開始放進十元只拿出九元花的時候，我的空錢包便開始膨脹。我想，各位如果如法炮製，你們的空錢包自然也會膨脹了。」

每次把十元放進錢包的時候，最多只花費九元。

猶太人的用錢原則就是這樣，只把錢用在該用的地方，他們認為不該用的地方，是一分錢也不會花的。洛克菲勒說過：「**對錢財必須要有愛惜之情，它才會聚集到你身邊，你愈尊重它、珍惜它，它愈心甘情願地跑進你的口袋。**」

另一位也是以崇尚節儉、愛惜錢財著稱的連鎖商店大王克里奇，他的店遍及全美五十個州和國外很多地方，資產數以億計，但他的午餐大約都是一美元左右。克德石油公司老闆波爾有一天去參觀一個展覽，在購票處看到一塊牌子寫著：「五點以後入場半價收費。」波爾一看手錶，當時是四點四十分，於是他在入口處等了二十分鐘後，才買了一張半價票入場，節省下〇・二五美元。你可知道，克德公司每年收入上億美元，他所以節省〇・二五美元，完全是他節儉的習慣所致，這也是他成為富豪的原因之一。

可見對金錢除了愛之外還要惜，也就是說，除了想發財外，還要想辦法保護已有的錢財。猶太人的這些金錢觀念是很有道理的，這就是猶太人經商致富的一個奧秘。猶太富商亞凱德說：「猶太人普遍遵守的發財原則，就是不要讓自己的支出超過收入，如果支出超過收入便是不正常的現象，更談不上發財致富了。」

猶太人認為，不能把支出和各種欲望混為一談。每個人都有不同的欲望，可是有些欲望是其收入所不能滿足的。因此，切不可把自己的收入花在不能滿足的欲望上面，因為許多欲望是永遠無法滿足的。

猶太人認為欲望好比是野草，農田裡只要有空地，它就能生根滋長，繁殖下去。欲望是無窮無盡的，但是你能做到的卻微乎其微。要仔細檢視現在的生活習慣，即使有些支出是必要的，但是經過思考之後，這些支出也是可以減少或者可以取消的。

別以為億萬富翁有那麼多的錢，就一定可以滿足他的每一個欲望，這種想法是不正確的。作為億萬富翁，他的時間有限、精力有限，他能到達的路程也有限，他吃進胃裡的食物也有限，而且他的享樂範圍也有限。

《羊皮卷》說：「金錢容易引發意外，任何人對待它都要謹慎，否則就會受到損失。先要學會看管少數金錢，然後才可以管理更多金錢，這是提防金錢損失的最聰明辦法。」當有利的投資機會出現時，有些人會被它所迷惑而蠢蠢欲動，殊不知那也是可能導致金錢損失的。

洛克菲勒習慣到他熟悉的一家餐廳用餐，用餐後往往會付給服務生十五美分的小費。但是有一天，他用餐後卻不知為何僅付了五美分的小費，服務生見比往常小費少，不禁埋怨說：「如果我像您那麼有錢的話，我絕不會吝惜那十美分。」

洛克菲勒卻毫不生氣，笑著說：「這也就是你為何一輩子當服務生的緣故。」

這位世界有名的億萬富翁對金錢的看法就是：不但不做錢財的奴隸；相反的，還要把錢財當作奴隸來使用。《羊皮卷》指出：「本金有安全保障的投資才是第一流的投資原則。為求高利潤而喪失本金的投資，是愚蠢的冒險。作為投資者，不要被急於發財的心情所蒙蔽，必須要仔細研究，當你有了充足證據，而且沒有冒險成分存在時，才可以拿出部分金錢來投資。」

重視年輕人的力量

在這個競爭激烈的時代，唯有創新才能生存，方能在市場競爭中站穩腳跟，也才能戰勝對手。而年輕人是創新的主力軍，所以要重視年輕人的力量。

《羊皮卷》中有這樣的討論。一個人對另一個人說：「師從年輕人猶如什麼呢？如同吃不成熟的葡萄，從酒甕裡喝酒；師從長者猶如什麼呢？猶如吃成熟的葡萄，喝陳年的老酒。」而他的另一位同事則反駁說：「不要看瓶子如何，而要看裡面裝的是什麼，新瓶可能裝著陳酒，舊瓶也許連新酒也沒有裝。」

猶太人就十分注重年輕人的力量。在古代的猶太社區裡，每到有事情商量的時候，大家就聚集起來討論問題。但是在討論的時候，主持會議的老年拉比總是讓一些年輕人先發言，接著再讓那些有點資歷和經驗的人發言，接著是大家自由地討論和辯論，最後是年老的、富有權威的拉比根據大家的意見進行評價和總結，接著做出決定。

在《羊皮卷》裡，也有這樣的記載：在猶太法庭上，首先由年輕的法官發言，然後大家再依次發言。在猶太人內部形成了讓年輕人首先發言的機制，這個機制或可說是慣例，讓猶太人一直保持活躍的思維和集思廣義的交流氛圍。

如果年輕人在眾多上了年紀、頗有資歷甚至是經驗豐富的人面前發言感覺拘謹而羞澀的時候，拉比就會熱心地鼓勵他們：「真理面前是沒有老少的，你和我都要聽從真理的召喚。你們最有熱情和想像力，試試你們的能力吧！我們相信所有人的發言都是有用處的，你們的發言也是一樣。」結果有不少年輕人的發言總是讓大家耳目一新，他們朝氣蓬勃的精神總是讓在場的人感覺到火一般的熱情。

年輕人因為沒有經過太多的世事，缺乏經驗，因而顯得幼稚，但他們絕不保守；相反的，卻富有對世界的美好憧憬和嚮往，儘管這些還顯得過於浪漫和不現實。而老年人經歷了世事的變遷，已經變得十分現實，不會追求那些他們覺得不現實的事情。沒有了激情，沒有了奇特的想法，他們完全是靠自己的經驗來判斷。

但是在社會上的商業經營中，激情和想像卻是人類永遠的追求，正是這種天真和想像才讓人類蹣跚地前進著。缺乏創意甚至是天方夜譚式的想像，社會根本就不會有任何進步。在商業活動中，大膽新奇的想像更是不可缺少的。

舉世聞名的迪士尼樂園是一個童話的世界，在那裡誕生了許許多多可愛的卡通人物，機智聰明的米老鼠、笨拙傻氣的唐老鴨、活潑可愛的三隻小豬、兇惡但總被捉弄的大灰狼等，都深受大家喜愛。

華特・迪士尼原本在一家廣告公司工作，後來辭去工作，創辦了一家動畫製作公司，不久他們拍攝了動畫片《愛麗斯夢遊仙境》。這部片子吸引人的地方是，既有天使般可愛的真人小姑娘，也有浪漫、虛構的動畫設計，果然一上映就引起熱烈的迴響，電影公司的片約像雪片般飛來。

繼《愛麗斯夢遊仙境》之後，華特・迪士尼又創造出一個頗受歡迎的卡通人物——幸運兔奧斯華，當時也獲得不少迴響。就在華特・迪士尼信心滿滿地要與發行人洽談奧斯華卡通下一期的合約時，不料發行人卻買通所有奧斯華的幕後人員。遭到下屬的殘酷背叛，經此慘痛經驗後，華特・迪士尼學到一個教訓：一定要擁有影片的版權！在回程的火車上，華特・迪士尼腦中誕生了另一個卡通主角的靈感，那就是：Mickey Mouse！

由於當時的電影還是黑白影片，動畫片設計者們設計的動畫還是幼稚粗糙的，華特・迪士尼覺得不能再讓孩子生活在一個蒼白的世界中，他決定給孩子們一個豐富的彩色世界。於是，《花兒與樹》、《三隻小豬》、《白雪公主和七個小矮人》陸續推出，而且它還是世界上第一部可以讓動畫迷們過足癮的長篇動畫片。

幾年之後，經過努力，他建成了迪士尼樂園，這是一個童話般的世界，它不僅吸引孩子，也吸引了成年人，迪士尼樂園成了美國西岸所有遊人必造訪的地方，後來還成為和金字塔、巴比倫空中花園並稱的世界第九大奇蹟。

華特・迪士尼一生的生活信條，就是讓自己大膽地想像、讓別人快樂地享受消費。由於他的創意和豐富的想像力，為他創造可觀的財富，並成為全球富翁之列。他的生命是如此的閃亮，他二十歲時鋒芒初露，三十歲聞名全美，三十六歲世界聞名。

年輕人就是力量，猶太人尊重年輕人，允許創新的思維，並提供展現實力與專長的舞臺，讓市場永遠能注入讓人耳目一新的潮流。拒絕僵化和保守的思維，讓年輕人勇於嘗試及不斷的腦力激盪，才能有流長不斷的新意，這樣，未來的世界才會是他們的。

幽默百憂解

高度的幽默感出於理性。只有經過知性磨鍊的人才能發出脫俗、有深度並且合於時宜的幽默；當然，對方也要有高度的知性，才能瞭解這種幽默。

猶太是一個很幽默的民族。猶太人中流傳著大家熟知的諺語：「小偷頭上的帽子燒起來了。」這個小幽默說的是在東歐的一個城市裡，有位猶太人的帽子被人偷了，但帽子是到處都有賣的，舉目一望，許多人都帶著那種帽子，根本無法分辨出誰是小偷。於是這位猶太人靈機一動，大叫一聲：「小偷，你頭上的帽子燒起來了。」那個小偷在驚嚇之下，趕緊摸了一下帽子，於是，失主斷定這個人就是小偷。

猶太人的幽默是他們豁達的人生態度，是機智和智慧的表現，是他們對待苦難的樂觀，是他們蔑視敵人的高傲。猶太人把幽默當作一種重要的精神食糧。在希伯來語中，智慧被稱為「赫夫瑪」，幽默也被稱為「赫夫瑪」，而幽默恰恰是猶太民族苦中作樂的生存和處世智慧。

他們用幽默來面對殘酷的人生，他們用幽默來表達自己對敵人的譏諷。有這樣一個故事：

希特勒這個殺害了六百萬猶太人的「魔鬼」是猶太民族的仇敵，但是他也很怕別人殺害他。有一天，他請了一位猶太占星師來占卜，他想讓這位猶太占星師算一算他什麼時候會被暗殺。聽到這個問題，占星師回答說：「你會在猶太人慶典的那一天被暗殺。」希特勒趕忙把衛隊長召來，下令以後凡是有猶太人慶典的時候，就要特別警備。這位猶太占星師冷冷地說：「沒有用的，因為你被暗殺的日子，就是猶太人民慶典的日子。」

猶太人常說：「笑是百藥中最佳的良藥之一。」因為「笑」能在痛苦時安慰他們的心，能使快樂的猶太人更加充滿活力，而且，猶太人認為笑所隱藏的力量絕不僅如此。笑是人類所有與生俱來的能力中最強而有力的一種武器。猶太人認為幽默就是要使人笑起來。

儘管猶太人有著苦難的歷史經歷，但他們對生活一直充滿堅定的信念，否則他們的民

族就不可能經受住那麼多折磨而得以倖存下來。事實上正是苦難造就了猶太人不可動搖的樂觀精神。

歡樂和笑聲是猶太人生活中必備的良藥，這使他們總能保持一種樂觀的生活態度。對猶太人來說，生活的壓力太大了，他們無法用淚水和無休止的呻吟來化解它。迫害、痛苦和他們在潮濕的「貧民監獄」裡的貧困生活都不能阻止他們的歡笑。但是，猶太人的笑聲不是一般的無聊取樂，也不僅僅是消遣，而是對殘酷生活的一種頑強而又反抗性的回答，因而在猶太人的幽默裡存在著一種獨特的智慧。

很多猶太的傳說和民間故事都包含著深深的悲劇幽默色彩，就像許多猶太民歌一樣，它們的旋律中總是迴盪著揮之不去的憂傷。但這種憂傷卻沒有墮落為絕望或是自憐自歎，他們總是在淨化之中保持著尊嚴，是對生活的尖銳批評，也是一種能幫助他們緩解痛苦的最有效調節、娛樂身心的好辦法。這令人愉悅的幽默，有人把它叫做「猶太風趣」。

在堅定的信念中痛苦也變得高貴，即使是在失敗中，他們也因為擁有正義而獲得道義上的勝利。猶太人性格中的「幽默」，是與他們的樂觀精神以及向逆境挑戰的勇氣聯繫在一起的，他們認為，幽默能使人放鬆心情，保持平和的心態。

因此，每逢尷尬的場面，猶太人總喜歡藉助笑話、幽默來使氣氛、場面活躍起來。儘管並不是所有的幽默都是成功的，有些幽默反而會使局面更加難堪，但是猶太人也並不覺得這有什麼不好，他們看重的是個人的心態，而不計較效果。因此，猶太人說：「**只有幽默才能使人放鬆心情，唯有賢者才能在任何情況下都保持放鬆的心情。**」

高度的幽默感出於理性。只有經過知性磨鍊的人才能發出脫俗、有深度，並且合於時宜的幽默；當然，也要有高度的知性，才能瞭解這種幽默。幽默是獨創的、原始的、新鮮的，第二次反覆同一種幽默時，就失去了它的意義。總而言之，幽默全靠「奇襲」，必須出人意料，才能達到它的目的。真正有幽默感的人，能夠樂觀地面對一切。但大多數人在面臨困難、進退維谷之時，總是焦急萬分，無法展現幽默，只有強者例外。所以幽默代表強者的韌性，也代表強者的膽量。

真正被逼得走投無路而害怕的人，是沒有辦法放鬆自己心情的；唯有不屈不撓的人，才能產生幽默。一個人如果能在面臨危機之時，站在客觀的立場上觀察一下自己的處境，就一定能想出很多好的解決方案，而不要死心眼兒，老是固守在某一個據點上。有時，人就必須像這樣「退一步」，才可以生活得更愉快，所以讓我們笑一笑吧！

猶太人一向非常重視笑和幽默，常有人說猶太人是「書本的民族」，其實，不如稱猶太人為「笑的民族」會更恰當一些。猶太人長久以來，遭遇無數次的迫害而仍能堅強地生存下來，就是因為他們能夠瞭解笑的功用，並能充分運用它。所以，無論被逼到何種地步，猶太人都能笑著面對自己的痛苦，藉以中和自己苦悶的心情。他們很瞭解笑的意義——快樂的時候固然要笑，但是痛苦時更需要笑。

在其他民族的心目中，笑話所占的地位都很低，因為他們認為笑話只能改變心情於一時，所以只把它當作是調味品之類的副食；但猶太人卻認為笑話是主食，它是人類生活中尤為重要的一種精神食糧。

不歧視窮人

「不要看不起窮人，因為有很多窮人是非常有學問的。」「不要輕視窮人，他們的襯衫裡面埋藏著智慧的珍珠。」

一個虔誠的人繼承了一筆財富。在安息日前夜，他就開始為安息日，日落前的食物做準備。由於急著辦事，他在安息日前必須暫時離開家一段時間。在回家的路上，一個窮人向他乞討安息日所需食物的錢，這位虔誠的人生氣地斥責窮人：「你怎麼能一直等到最後一刻才買你的安息日食物呢？你肯定是企圖騙錢！」他回到家後，跟妻子說他遇到窮人的事。「我得告訴你，是你錯了。」他的妻子說：「在你的一生中，你從未體會到貧窮的滋味。我在窮苦人家長大，也經常回憶過去，那時天幾乎全黑了，而我的父親仍然為家人四處尋找哪怕只有一點點的麵包。你對那個窮人有罪！」

虔誠的人聽到這席話後，趕緊到街上尋找那個乞丐，他當然仍在尋找安息日的食物。於是，這位富人給了窮人安息日所需的麵包、魚和肉，並請他寬恕自己。

在猶太社會裡，儘管窮人和富人的差距十分大，但是一直以來，猶太人是尊重窮人的。他們認為富人並不一定快樂，窮人也並不一定必然絕望。

這就是猶太人對於窮人的態度。

事實上，有很多著名的猶太拉比出身都很卑微，其中最具代表性的希拉爾是木匠，雅基巴是牧羊人。他們之所以能夠成為猶太人中的傑出人物，就是因為他們自身的能力所致。

正是因為猶太人重個人才華而不重門庭出身，才使猶太民族產生了許多傑出人物。猶太民族在日常生活中很少有門第觀念，在人與人的交往中，也少有趨炎附勢之舉，出身富貴人家的人也難以依靠出身來攫取社會地位或者取得什麼其他優勢，人們都是依靠勤勞和智慧以獲得個人地位的。

個人才華重於門楣出身是猶太人處世的重要觀念，它激勵了許多出身卑微的人去積極進取，也表現了社會公平的原則。

在一些猶太人居住區裡，每一個鎮上或村子裡都會有幾個乞丐，他們被稱為「修諾雷爾」。

猶太人並不歧視這些乞丐，照猶太人的宗教習慣，乞丐也是一種正當職業，他們是人們施捨的對象。

在猶太民族中，一些「修諾雷爾」是非常喜歡讀書的，其中還有不少人通曉《塔木德》，他們也是猶太教堂中的常客，經常以同仁的身分參加《塔木德》的討論。猶太民族中流傳著兩句話，「**不要看不起窮人，因為有很多窮人是非常有學問的**」、「**不要輕視窮人，他們的襯衫裡面埋藏著智慧的珍珠**」。

猶太人中的窮人遇到富家子弟時不會自卑，更不會覺得有什麼可怕，因為出身富貴之家的人並不一定有學問，但是遇到有知識的人時，無論是窮人還是富人都會對他非常敬重。的確，在猶太人中，有不少窮人也有著非凡的智慧。

古時候，有個富人在他居住的村子立了一個規矩：村裡人碰到他，都要敬禮，否則就要挨鞭子。一天，走在街上的沙米爾遇到了富人。

富人怒不可遏：「窮小子，你為什麼不向我敬禮？」

「我為什麼要向你敬禮？」

「我有很多錢，有錢就有勢。窮小子，你得向我敬禮，不然我就打你。」沙米爾站著不動。圍觀的人愈來愈多，大財主有點心虛了。

「這樣吧！我口袋裡有一百個金幣。你給我敬個禮，我就給你五十個金幣。」富人壓低聲音對沙米爾說。

沙米爾不慌不忙地把錢放進口袋裡，說：「現在你有五十個金幣，我也有五十個金幣，憑什麼要向你行禮？」

周圍的人大笑起來。富人又氣又急，一下子把剩下的五十個金幣也拿出來：「聽著，要是你聽我的，那我就把這五十個金幣也送給你！」

沙米又把五十個金幣收下，接著嚴肅地說：「好啦！現在你一分錢也沒有了，而我有一百個金幣，有錢就有勢，向我行禮吧！」富人目瞪口呆，而圍觀的人們則對機智的沙米爾報以熱烈的掌聲。

猶太人素有尊學、重學的傳統，對於貧窮猶太人的智慧，他們也同樣表現出尊重。其實，這個世界有兩個轉動不息的輪子。今天的富人明天可能就不是富人了，而今天的窮人明天未必就是窮人。

在世界各國的商人中，猶太人是最有社會意識的商人，他們會用捐贈的方式來表達自己的社會責任，幾乎所有的猶太商人都有過巨額的捐贈。

從乞丐變成億萬富翁的約瑟夫·賀希哈在這方面樹立了良好的榜樣。

在約瑟夫·賀希哈第一次賺到十六·八萬美元時，他首先想到的不是急於把這筆金錢全部投資於股市交易，而是拿出了絕大部分為相依為命的母親購置了一幢房子，讓母親早日走出低矮潮濕的貧民窟。

約瑟夫也從沒忘記與自己長期合作、患難與共的夥伴。他讓合作夥伴朱賓全盤負責開掘鈾礦，事先就給朱賓十%的股票優先權，使朱賓在用自己的智慧掘出鈾礦的一剎那便成為百萬富翁。而且約瑟夫延用十%股票優先權的方法，讓以後與他合作的重要夥伴都享有這個優厚的條件。約瑟夫不僅對合夥人這樣，對員工亦也十分關心，甚至對於打雜工的孩子也是如此。有個孩子的母親長年臥病在床，他打雜工微薄的薪水難以支付母親的醫藥費，約瑟夫便長期捐助這孩子來扶養母親。

在約瑟夫從乞丐到億萬富翁的一生中，他對被別人罵做「窮鬼」的乞丐生活有著刻骨銘心的記憶。在成為富翁以後，他一直把捐助像他童年時一樣貧窮的人作為自己義不容辭的責任。他為了讓貧窮人家的孩子能得到更多的教育以挖掘他們的天賦，而捐款給學校；他捐款給盲人醫院、孤兒院，讓殘疾人士及無依無靠的孤兒能得到救助。

由於自己對藝術的濃厚興趣，他特別喜歡資助貧窮而又富有藝術才華的學生們，使他們能夠全心投入到藝術的王國中。他經常到哥倫比亞大學、曼哈頓大學、加州圖書館、孤兒院、盲人醫院、教會……等處，不辭辛勞地把一筆筆捐款送給那些需要幫助的人們和組織。

因此，猶太人從不嫌貧愛富，並且將尊重窮人、幫助窮人當作自己的義務，這是猶太人團結友愛的處世智慧之一。

勇敢超越

如果一個人經常超越自己，那麼總有一天，他就會自然而然地超越他人。

從前，一頭驢子不小心掉到一口枯井裡，它哀憐地叫喊著，期待主人把它救出去。驢子的主人找了許多親友幫忙出點子，卻想不出好辦法。出乎想像的是，大家認為驢子已經老了，「人道毀滅」也不為過，而這口枯井遲早也會被填上。

於是，一伙人拿起鏟子開始填井，當第一鏟泥土落到枯井中時，驢子叫得更淒厲了，牠顯然明白了主人的意圖。又一鏟泥土落到枯井中，驢子卻出乎意料地安靜下來。人們發現，此後每一鏟泥土打在牠背上的時候，驢子都在做一件令人驚奇的事情，牠努力抖落背上的泥土，踩在腳下，把自己墊高一點。

人們不斷把泥土往枯井裡鏟，驢子也不停地抖落那些打在背上的泥土，使自己升高一點、再升高一點。就這樣，驢子慢慢升到了枯井口，在人們驚奇的目光中，從容地走出了枯井。

只有不甘於現狀，不斷地奮鬥尋求超越才能獲得拯救。這就是猶太人積極的人生哲學：超越自己，追求卓越。

猶太人認為，超越自己的事情一天都不能放鬆，盡量地學習不同的事物，將它們組合起來，才會有新的智慧和洞察力，這些不同的事物相互影響之後，往往會有許多新的創見。每個人都有與生俱來的創造力，只是有些人透過堅持不懈的學習把它發揮了出來，而更多人則因為懈怠而讓這種才能荒廢掉了。

美國著名影星保羅・紐曼是一位猶太人，因為善於適應環境，活用自己的天賦，不斷超越自我，因而在演員和商人的兩種身分間轉換自如，使「財」「藝」雙收。

保羅・紐曼有傑出的演藝才能和強健的體魄，在銀幕上成為男性美的化身。他拍攝了許多影片，如一九五六年的《上帝喜歡我》，一九五八年的《漫長炎熱的夏季》、《熱鋅皮屋頂上的貓》，一九六〇年的《陽臺上》、《成功》等，其中有不少影片獲得好評，他曾先後五次被提名為奧斯卡金像獎最佳男主角。在他六十歲那年，當第六次被提名時，終於拿下了奧斯卡金像獎最佳男主角的桂冠。保羅・紐曼除了有高超的演技外，還是一個出色的導演，他曾執導過五部電影，也拍過電視劇，所導的《瑞吉兒，瑞吉兒》一片更獲得了很大的成功。

這位出生於美國俄亥俄州克利夫蘭的猶太人，小時候很喜歡運動，因此擁有一副好身材。他的父親是一家體育用品店的小老闆，母親是位音樂戲劇愛好者。小保羅受母親的影響，也喜歡音樂戲劇。大學時期參加戲劇社並自編劇本，在無形中練就了他的表演技能。

一九八二年，保羅・紐曼向一位作家朋友提出自己想開發一種拌麵條用的醬汁，這種醬汁是保羅自己在廚房做菜時調配的。兩人一拍即合，同意各出資五十萬美元開發這種產品，取名為「保羅・紐曼醬汁」，生產這種醬汁的企業亦取名為「保羅・紐曼公司」。

公司創設之初，使用最便宜的傢俱和工具，但他們卻使用最好的原料和最佳的配方，以確保醬汁品質。產品推向市場後，各地超級市場不斷要求補充貨源，他們不得不雇請工人擴大生產，僅僅經營了一個月，就賺進了四萬美元。

在第一炮打響以後，「保羅・紐曼醬汁」的銷量開始逐月增加，合夥投資的一百萬美元本金，在開業的幾個月後就回收了。到開業一周年時，公司的純利達一千二百萬美元，到第六年，該公司已成為一個大企業，被喻為「食品王國」。

保羅・紐曼無論在台前演戲還是在幕後經商，都顯示出了超凡的能力，他不斷超越自己，使他在演藝界和商界齊頭並進，成為一個名利雙收的富豪明星。

保羅・紐曼從演員到商人再到天王巨星，他的人生之路告訴我們，只有不斷超越自我，不斷讓自己在新的生活和環境中去迎接挑戰，才能保持不滅的創造力。

《塔木德》上記載：**超越別人，不能算真正的超越；超越從前的自己，才是真正的超越**。在猶太人看來，人有兩個生命，一個是父母給的，一個是自己賦予自己生命的。賦予自己的生命只能依靠創造力，而舊有習性卻會束縛創造力。要獲取創造力只能憑藉自己的意志和毅力。

猶太人有一則故事教導人們要去超越自己：

有一對父子倆都是拉比。父親性格溫和，凡事考慮周到，而兒子卻孤僻、傲慢，所以他一直沒有成功。

有一天，在兒子對父親抱怨後，老拉比說：「我的孩子，作為拉比，我們之間的差別之處在於，當有人向我請教法律上的問題時，我會提供讓雙方都能滿意的回答；而你通常給的是雙方都不滿意的答案。你讓提問人感受到他的問題不是問題，這使得你不能給他一個滿意答案，這也是你的問題所在。所以，你不能怪別人，而必須放下架子鼓勵自己，這樣你才能成功。」

「父親，你是說我必須超越自己？」

「是的」，父親回答，「真正超越自我的人，才是真正成功的人。」道理很簡單，如果勤勞自勉，藉以超越自己，那麼總有一天，就會自然而然地超越他人。

人一定要把握住自己的內在動力，唯有超越自己，才能不斷地鞭策自己前進。正是這種不斷超越自己的卓越精神，才成就了「世界第一商人」的非凡業績。

第四章　學識是彙聚財富的泉源

在猶太社會裡，知識高於地位，知識高於金錢。他們不但聚斂巨大的物質財富，同時也視知識為生命的支柱。猶太人認為，金錢不是最重要的東西，知識才是最寶貴的財富。

學識廣博的猶太人

知識和金錢是成正比的，只有豐富的閱歷和廣博的知識，在生意場上才能少走彎路、少犯錯誤，這是經商的根本保證，也是商人的基本特質。

猶太人有「雜學博士」之稱，你和猶太人在談判的時候，他們講得頭頭是道、條理清晰，內容豐富多彩，談話內容包羅萬象，似乎世界上沒有他們不知道的事情。

曾經有一位日本商人和一位猶太商人談判，談判之後猶太商人給日本商人留下了終身難以忘記的印象：「那個猶太人太厲害了，那天我們談了兩個多小時，一直是他在不停地說。他給我的印象好極了，穿著很整潔，講話很有道理，條理極為清晰，態度又相當謙和，他的談話讓我那樣地神往，我簡直不想說任何話，只願意聽他來講。老實說，我不是在和他談判，而是他在給我上課。」

如果你有幸成為猶太人的朋友，你會覺得和他交談得愈多，就愈會佩服他的學識淵博，猶太人談政治、論經濟、說軍事、講歷史，還滔滔不絕地聊體育、娛樂、時事，真是天文地理，無不涉獵，似乎天下沒有他們不通曉的道理。尤其是在吃飯的時候，他們更是滔滔不絕，讓你大開眼界。

有個西班牙商人，他對猶太商人的經商原則很欣賞並且努力地學習，於是取得了不小的成功——他所經營的女用手提包生意十分好，在服飾品貿易的經營中也站穩了腳步，但是看到猶太人經營鑽石更為賺錢時，於是也想去經營鑽石。他看到身邊不少西班牙人經營的鑽石生意很不景氣，為了避免遭受同樣的命運，他就找到世界著名的鑽石大王瑪索巴士，毫無疑問，這位鑽石大王是位博學的猶太商人，聽完他的來意，冷不防地問了他一句：「你知道大西洋海域有什麼熱帶魚嗎？」西班牙人簡直是丈二金剛摸不著頭緒，心想這個鑽石大王問這個幹嘛？這個和鑽石生意有關嗎？

看到西班牙人啞口無言的樣子，這位鑽石大王語重心長地說：「鑽石生意是需要豐富的知識才可以做的，如果你對一顆鑽石的淵源、歷史、種類和品質都不知道，就不會知道它的價值，要具備這些判斷鑽石價值的基本經驗和知識就要不斷地學習和積累。你至少要二十年的時間來學習關於鑽石的所有知識，才能真正培養出鑽石市場的眼光。」

西班牙人聽後，不禁為自己匱乏的知識而羞愧不已，他早就知道猶太人是繼承了幾千年祖先留傳給他們的經驗，加上最新的知識，才擁有這麼豐富的學識，贏得顧客的尊敬和信任。他自知沒有這麼浩瀚廣博的知識，便很自覺地退出了這個行業。

最重要的是，學識廣博的人可以放眼於世界，他們站在經商大師們的肩膀上俯瞰腳下的財富，學習他們最為精髓的賺錢秘訣。正因為擁有如此淵博的知識，他們才具有高智商的頭腦，進而才能在生意中立於不敗之地，成為公認的「世界第一商人」。

在猶太人眼裡，知識和金錢是成正比的；只有豐富的閱歷和廣博的業務知識，在生意場上才能少走彎路、少犯錯誤，這是經商的根本保證，也是商人的基本特質。

在任何時代，學識淵博的人都會得到人們的尊敬。有位猶太人某次應邀出席英國的金融會議。在蘇格蘭參加會議期間，一日晚餐後他外出散步，走到一處風景優美的地方，不禁觸景生情，乘著酒興吟誦了英國詩人史考特的詩，英國人聽後大為嘆服，認為這位先生學識淵博，最後對他另眼相看，在談判桌上自然贏得了不少的好處。

猶太人說：「在玫瑰花叢中的人身上充滿馨香。」和學識淵博的人交往，彼此之間可以經常討論、學習，相得益彰。猶太是一個善於學習的民族，他們喜歡詢問自己所不知道的事情。

一個猶太人打電話給一位日本朋友，要求借車旅行，這個日本人想，這位猶太朋友第一次來日本，一定對日本很陌生。

「你要到京都一帶的名勝古蹟遊覽，我可以陪同。」

「謝謝你的好意，我已有充足的準備了。」

猶太人借到車後，便帶著地圖和旅遊手冊獨自旅行去了。

幾天以後，猶太人滿面春風地回來，把車還給日本人，並請日本人一起吃飯。飯桌上，猶太人不停地向日本人提問：

「日本男人外出時不穿和服，為什麼回到家中反而穿和服呢？」

「為什麼和服的領子是白色的，白色不是最容易髒嗎？」

「日本人為什麼要用筷子吃飯？用勺子不是更方便嗎？是不是日本人喜歡用祖先的遺物？」

說實話，猶太人問的許多問題是日本人從來沒有想過的，他只好如實地說：「我們日本人一向如此，沒有人注意過。恕我不能回答您的問題。」猶太人這種「打破沙鍋問到底」的好學精神，真是讓他佩服不已。

多數人旅遊喜歡參觀當地的名勝古蹟，而猶太人卻對名勝古蹟興趣不濃，但對其他人種、其他民族的生活、心理和歷史，表現出超強的好奇心。

猶太人每到一處旅遊之前，必定下很大工夫去瞭解該國的歷史、地理、風土人情、宗教習慣，乃至旅遊中出現的各國人種都要分辨得清清楚楚。

猶太民族由於兩千多年的流散，迫使他們出於自衛的本能而不得不詳細地研究各國的民族性，然後才能「對症下藥」求得生存。正是這些原因，使他們無形中養成一種對任何事都感興趣並追根究柢的精神。

知識就是力量

猶太人把知識視為財富，認為「知識可以不被搶奪而且可以隨身帶走。」

自從地球上有了人類，知識便萌芽在人類的智慧中，從茹毛飲血的遠古到高度文明的當代，每一次社會的進步都無不顯示出知識的巨大作用。知識的進步推動了歷史的發展，促進了人類的文明，知識就是力量！

當前，世界上流行一種說法：看一個國家、一個民族是否繁榮、富強，就要看這個國家、這個民族的人民知識水準。這種說法不無道理，即使一個國家暫時還不夠富裕，但只要它有智慧的人民，有重視知識的傳統，那就可以斷言：這個國家是有前途的。如果一個國家、一個民族目前很富有，卻供養著一群「不學無術」之徒，其結果必然是可悲的，一定會漸漸地衰落下去。

唐朝之所以形成「開元盛世」的繁榮景象，除了皇帝的開明之外，最主要的原因是當時各行各業的科學技術得以充分發展，人才濟濟，國家力量強大、威震四海。古時候，風雨雷電等自然現象都被視作神的行為。每逢大旱，老百姓就殺豬宰羊送上祭壇，磕頭求神，聽命道士呼風喚雨。在今天看來，這些似乎太愚蠢可笑了，正是沒有知識而導致的必然結果。人定勝天，就是因為我們有了知識。

猶太人深信「知識就是力量」，他們認為，沒有知識就不可能成為真正的商人，既然不是真正的商人，就沒有做生意的必要。猶太商人大多都學識淵博、頭腦靈活。請相信，知識是致富的最有力力量！一般說來，猶太人希望自己胸中有墨，進而引來黃金萬兩。

猶太人對學校的正規教育和自教自學並重。眾所周知，學校是獲取基礎知識的場所，很多專業知識及實際操作技術，只有在實踐或專業學習的基礎上才可以得到增長。此外，由於因人而異的情況和條件，他們受到正規教育的情況也不盡相同。因此，猶太人對自己獨立獲取知識的能力非常在意，從中指導自己的工作實踐。

十二世紀的猶太哲學家，精通醫學、數學的蒙尼德則明確把學習定為一種義務：「每個猶太人都必須鑽研《羊皮卷》，甚至一個靠施捨度日和不得不沿街乞討的乞丐，一個要養家糊口的人，也必須擠出一段時間來鑽研。」由這一原則所帶來的結果形成了一種幾乎全民學習、全民都注重文化的傳統。這種學習的傳統，作為一種卓有成效的培養、激發人們學習積極性的價值觀念，深深影響著猶太人，也促成了猶太智慧的發揚光大。

猶太民族對教學和學習十分重視，儘管早期的猶太民族主要以神學研究為取向，涉及的知識面十分狹窄，但後來隨著猶太民族流散於世界各地，他們逐漸吸納世界各國的文明成果。更值得一提的是，他們勤學苦研的傳統從未中斷，這使猶太人特別是猶太中青年在調節其心理、增強民族凝聚力和激發求生存謀發展的創造力上，具有更強的能力。

正是對這種傳統的繼承，猶太民族的整體知識水準比其他民族要高。以美國為例，在二十世紀七〇年代的金融、商業、教育、醫學、法律等高度專業的行業中，美籍猶太男子有七〇％、女子有四〇％，而同期美國平均只有二八・三％的男子和一九・七％女子加入此行列。而在最為靈巧、收入最高的兩大職業——醫生和律師中，猶太人所占的比例卻最高。如二十世紀七〇年代，美國共有三萬多名猶太醫生，占美國私人醫生總數的一四％；另外有約十萬名律師，占美國律師總數的二〇％左右。

二十世紀七〇年代，在美國的二百多萬猶太人中，高中畢業者占六四％，大學畢業占三二％。而在美國總人口中，高中畢業只占三五％，大學畢業占一七％。這個學歷的群體差異，使在美國的猶太人收入就比美國平均收入高得多。據統計，一九七四年美國猶太人家庭平均收入為一萬三千三百四十美元，而美國的平均家庭收入只有九千九百五十三美元，猶太人家庭高出了三四％。猶太人把知識視為財富，認為「知識搶不走，而且可以隨身帶著走，知識就是力量」，所以他們十分重視教育。猶太人有個說法，就是他們一生有三大義務，而第一義務就是教育子女。他們教育子女，目的在於讓後代能在競爭的社會中求得生存和發展，壯大自己和民族力量。猶太人認為，現代社會處於愈來愈迅速的發展變化中，科學知識日新月異，如果不跟上時代發展的步伐，勢必在激烈的競爭中慘遭淘汰。

當今世界經濟和科技的發展趨向全球化，知識型經濟成為爭奪相對經濟優勢的主要手段。在這樣多變的世界裡，任何故步自封、因循守舊、缺乏遠見和不求上進的人，命運終將註定失敗。猶太人深明大義，不但自己努力學習，自覺接受新的知識，對後代的培養更為傾心、不遺餘力。的確，猶太商人的觀念是正確的，他們把知識看作是致富的力量，是一切生命的泉源。

能賺錢才是真智慧

在猶太人的心目中，金錢和智慧不會相互矛盾，它們是可以完美結合的。

對知識的無限渴望，將知識視為財富，是猶太民族成為世界優秀民族之一的重要原因。知識固然是劫不走的財富，但它畢竟不是真正實實在在的財富，要將知識轉化為財富就要靠智慧，智慧就是運用、掌握、駕馭知識的能力。知識是後天學習的，而智慧更表現在潛移默化的民族特質中。一個人或許學識淵博，但他不一定是智者。

猶太民族很懂得智慧與知識的區別。在他們看來，只有你能夠創造財富，你才懂得智慧，也就是說能賺錢才是真智慧。如果你是個擁有碩、博士學位的人，可是你卻不能用你學到的知識去賺錢，那你頂多就是個學富五車的學者；相反的，如果你是個窮光蛋，也沒有讀過什麼書，但你能夠靠自己的本事一夜間成為富翁，猶太人肯定會對你佩服得五體投地，因為他們認為你真正擁有了賺錢的智慧。

世界上各個民族的人都很聰明，但是唯有猶太人是最能夠運用智慧來獲取財富的，因為他們知道怎樣把自己頭腦中的智慧變成他們手中的金錢，這就是猶太人的過人之處。他們對知識的崇拜和敬愛之情達到了瘋狂的程度，因為這些知識不僅僅顯示他們博學，最關鍵的是教會了他們怎樣賺錢。所以他們認為，如果知識不應用到實踐中去，是沒有價值的。

猶太人對那些整天只知道學習的人看法是：「有些人過度鑽研學問，以至於無暇瞭解真相。」他們甚至這樣看待死讀書的人：「學者中也有類似驢馬之人，他們只會搬運書本。學者中有人被喻為載運昂貴絲綢的駱駝，但駱駝與昂貴的絲綢是毫不相干的。」如果這樣說來，他們只是書籍的搬運工而已，根本算不上是有知識的人，真正有知識的人就應該將自己所學的知識徹底實踐，在生活中創造出他所能創造的價值。

猶太人熱愛智慧，那麼他們所說的真智慧又是什麼呢？猶太人有則笑話，談的是智慧與財富的關係。

兩位拉比在交談：

「智慧與金錢，哪一樣更重要？」

「當然是智慧更重要。」

「既然如此，有智慧的人為何要為幫富人做事呢？而富人卻不為有智慧的人做事？大家都看到，學者、哲學家總是在討好富人，而富人卻對有智慧的人擺出一付高姿態。」

「這很簡單，有智慧的人知道金錢的價值，而富人卻不知道智慧的重要。」

在這個故事裡，拉比認識到金錢的價值。他說得很對，有智慧的人應該知道金錢的價值，不應該和金錢相脫離。只有當智慧和金錢相結合時，智慧的價值才真正顯露出來。如果金錢是衡量智慧的價值尺度，那麼，智慧的價值又怎麼表現呢？因此，真正有智慧的人，懂得金錢的價值，懂得如何利用自己的學識來獲取金錢，用自己的知識來創造現實社會的財富。

如果一個有知識的人也擁有智慧，但卻只會靠為富人效力，以求獲得一點微薄的酬勞，試問這智慧的價值有多大呢？這樣只是把自己的智慧無端地浪費而已，還能稱得上智慧嗎？因此，學者、哲學家的智慧即便可以稱得上智慧，也不是真正的智慧。因為它和金錢無緣，而金錢正是智慧價值的反映。

讓富有的人在有智慧的人面前施展他們的淫威，顯露他們的狂態，這算是有智慧的人嗎？真正有智慧的人是會運用自己的智慧取得與他智慧相應的財富，匍匐在金錢腳下的智慧根本算不上是智慧；相反的，富人沒有學者的智慧，但他卻擁有聚斂金錢的智慧，他的智慧才是真正的智慧。

智慧有死的智慧和活的智慧之分。只有用於實踐產生了效益的智慧才是真正的智慧，這樣的智慧才是重要的。不過，如果這樣的話，金錢又成了智慧的尺度，金錢又變得比智慧更為重要了。其實，兩者並不矛盾：活的錢，也就是能不斷生利的錢，比死的不能生錢的智慧重要；但與死的錢相比，即單純的財富──不能生錢的錢，又沒有活的智慧，即能夠生錢的智慧重要。

那麼，活的智慧與活的錢相比哪個更重要呢？

無論從那則笑話中，還是從猶太商人實際經營活動的歸納，都只得出一個答案：只有化入金錢中的智慧才是活的智慧；只有化入智慧之後的錢才是活的錢；活的智慧和活的錢難以分離，因為它們是智慧與錢的完美結合。

學會用頭腦賺錢

只有擁有高財商的人，才能懂得如何創造財富，也能夠知道在財富的機遇面前，應該如何把握。

美國財富專家喬・史派勒的一本書叫《動手來種錢》，是猶太商人所推崇的一本書，書中有一個只剩下一美分的人，正準備用掉這分錢時，一個想法突然冒出來，他把錢換成美金的銅板，藉以提醒自己，每次花錢時，就要讓錢以十倍或更多倍的數量再返回自己的口袋。

這是一種奏效的方法，因為這個人最後終於財源廣進，成為一個腰纏萬貫的富翁。

動手「種」錢之前，猶太商人認為有幾個問題需要弄清楚：

第一，要淘金還要賣水。

十九世紀中葉，發現金礦的消息從美國加州傳來。許多人認為這個發財機會千載難逢，於是紛紛奔赴加州。十七歲的小農夫亞默爾也成為這支龐大淘金隊伍中的一員，他和大家一樣，歷盡千辛萬苦趕到加州。

「淘金夢」的確很美，做這種夢的人也比比皆是，而且還有愈來愈多的人紛至沓來，一時之間加州到處都是懷抱淘金夢者，然而金子卻愈來愈難淘，自然不能如淘金者所願。不但金子難淘，而且生活也愈來愈艱苦。

當地氣候乾燥，水源奇缺，許多不幸的淘金者不但沒有圓夢致富，反而喪身此處。亞默爾經過一段時間的努力，也和大多數人一樣，不但沒有挖掘到黃金，反而被饑渴折磨得半死。

有一天，亞默爾望著水袋中那一點點捨不得喝的水，聽著周圍人對缺水的抱怨後，他突發奇想：「淘金的希望太渺茫了，還不如賣水呢！」

於是亞默爾毅然放棄對淘金的努力，將手中挖金礦的工具變成挖水渠的工具，從遠方將河水引入水池，用細沙過濾後，變成為清涼可口的飲用水。然後將水裝進桶裡，挑到山谷，一壺一壺地賣給挖金礦的人。當時有人嘲笑亞默爾：「胸無大志，千辛萬苦地到加州來，不挖金子發大財，卻做起這種蠅頭小利的買賣，這種生意哪兒不能做，何必跑到這裡來？」

亞默爾毫不在意，不為所動，繼續賣他的水。試想，哪裡有這樣的好買賣？把幾乎無成本的水賣出去。哪裡有這樣好的市場？結果，淘金者個個空手而歸，而亞默爾卻在很短的時間內靠賣水賺到幾千美元，這在當時是一筆非常可觀的財富了。

一個擁有高財商的人，無論在什麼情況下，都能發現致富的機遇，他們似乎對財富有一種特殊的感覺；而低財商的人，總讓財富從自己的身邊溜走，卻毫無察覺。

第二，掌握得到財富的機會。

我們可以發現，辛勤者中間有著貧富之分，而在成功的辛勤者中間，成就亦有高低的差別，但有一些表面上並不辛勤的人，卻能成功致富。正是這些差異的出現，社會面貌才呈現出多姿多彩的變化，而促成社會面貌變化的其中一個重要因素就是機會。在特定的時間裡，各方面因素配合恰當，就會產生有利的條件，誰最先利用這些有利條件，運用手上的人力、物力從事投資，誰就能更快、更容易獲得成功，賺取更多的財富。這些有利條件便是機會，一個高財商的人懂得掌握這些獲得財富的機會。

要拿到紅利，必須先拿錢投資。同樣的，想獲得機會，必須先有所犧牲——犧牲自己的時間、收入、享受等，全神貫注地做好準備，一有機會出現，便馬上將它抓住。但是我們創業致富，常常要靠一些運氣。而運氣不是機會，不要把兩者混淆，否則，就會做出錯誤判斷，招致損失。

運氣帶有偶然、意外的性質。有個人去買彩票，結果中了一千美元，這是運氣。提煉青黴素的弗萊明原意是要培養葡萄球菌，黴菌的出現在他意料之外，對他來說，黴菌是個不速之客。中彩券與發現青黴素有顯著的區別，中彩券純屬意外，那是運氣，沒有夾雜機會在裡面；而發現青黴素，則在運氣之外夾雜著機會。弗萊明發現黴菌之後，他可能有兩個反應：一是覺得黴菌的出現，阻擾了他對葡萄球菌的研究，把它當作麻煩事而不予重視；二是覺得好奇，進行研究。如果弗萊明採取前一種態度，發明青黴素的就不會是他，而是別人了。弗萊明能夠及時把握機會，結果獲得了成功。

在創富的過程中，也要分清機會和運氣，我們不排除運氣，但是更重要的還是要運用自己的財商，挖掘藏在生活中的機會，也只有這樣，你才能獲得財富，成為一個成功的商人。

第三，莫學貪心的乞丐。

富翁家的狗在散步時跑丟了，於是在電視臺發了一則啟事：「有狗丟失，歸還者，付酬金一萬元。」啟事發出後，一時間送狗者絡繹不絕，但都不是富翁家的。富翁太太說，肯定是撿到狗的人嫌給的錢少，不過那可是一隻純正的愛爾蘭名犬啊！於是富翁把酬金改為兩萬元。

原來，一位乞丐在公園的躺椅上打盹時撿到了那隻狗。乞丐沒有及時地看到第一則啟事，當他知道送回這隻小狗可以拿到兩萬元時，真是興奮極了，他這輩子也沒遇到過這種好運。

次日，乞丐一大早就抱著狗準備去領那兩萬元酬金。當他路過一家大百貨公司的門口時，在這家公司的牆面廣告上又看到了那則啟事，不過賞金已由兩萬元變成三萬元。乞丐駐足想：這賞金增長的速度快得驚人，是不是這隻狗的價錢遠不只這些呢？於是，他改變了自己的想法，抱著狗返回公園，如他所願，第四天，懸賞金額果真又上漲了。

接下來的幾天時間裡，乞丐一直守著大螢幕，當酬金漲到使全城的市民都為之驚訝時，乞丐馬上跑回去抱狗。可是那隻狗已命歸西天了，因為這隻狗在富翁家吃慣了鮮牛奶和牛肉，而對這位乞丐從垃圾筒裡撿來的食物無法適應。

乞丐不渴望財富嗎？當然渴望，但是他不會抓住機遇也太過貪心，所以只好眼睜睜看著財富白白溜走。

智慧與財富的泉源

如果想擁有財富，就必須先擁有知識。

《羊皮卷》上說：「把書本當作你的朋友，把書架當作你的庭院，你應該為書本的美麗而驕傲，採其果實，摘其花朵。」猶太人把這樣的箴言一代代地傳給他們的後世子孫，告訴他們一定要勤奮讀書。在傳統的猶太家庭裡有一個世代相傳的規定：書櫥只可放在床頭，不可放在床尾。這樣的規定就是告誡自己民族的人，書是神聖的，不能對書本有所不敬。在猶太人的聚居區，如果一個人在旅途中，發現了他們未曾見過的書，他一定會買下這本書，帶回去與族人們分享。猶太人還有這樣的規定：「生活困苦之餘，不得不變賣物品以度日，你應該先賣金子、寶石、房子和土地，到了最後一刻，在你不得已的時候才可以賣書。」他們是這樣解釋的，世間的一切金銀珠寶、房屋、土地都是可以變化消逝的東西，只有知識是可長久流傳的財富，因此，無論如何都不能拋棄書本。

猶太人認為，人們可以有各種仇恨和恩怨，然而知識是沒有邊界的，它是屬於全人類的，不能因為我們存在各種偏見而影響智慧和真理的存在，為了維護書籍的傳承性，要把它真正地傳給所有熱愛它的人們。在一七三六年的時候，拉脫維亞的猶太社區通過了一項法律，該法規定：當有人借書的時候，如果書本的擁有者不把書本借給他人，應罰以重金。這次立法是有史以來人類為書籍立法的第一次，這在其他民族的法律史上是沒有見過的。他們同時還規定，如果有人去世了，要在棺材裡放幾本書，讓書伴隨他們死去的軀體。他們這樣做的用意很明顯，知識是浩渺無邊，永遠也學習不完的，即使人死去了，他的靈魂也應該繼續學習。

對於有知識、有智慧的人，猶太人更是充滿了敬佩之情。在猶太人的社會裡，他們認為有知識的學者是智慧和真理的化身，是引導大家過幸福生活的人，因此，猶太人有「學者比國王偉大」的說法。在猶太人的觀念裡，拉比要比父親更值得尊敬，因為，拉比是整個社區最有智慧的人，所有人都應該聽從這位智慧和學識都很高的教師的教導。一個猶太人在為自己的女兒選擇夫婿的時候，毫無疑問的也會選擇一個有良好教育的青年，而不是一個有錢的世俗青年。

猶太人認為，尊重知識、追求真理，是每個人一生的需要。知識是最偉大的，在它的面前，世俗的一切統治者都要讓位。這個觀念在猶太人的國家——以色列得到了很好的印證。以色列建國之後，著名的猶太科學家愛因斯坦，由於在科學上的卓越貢獻，得到世界和以色列人民的愛戴。以色列人民向他發出了邀請，請求他來當以色列的總統，但是他們的好意被已經決心獻身科學的愛因斯坦拒絕了，愛因斯坦拒絕了自己族人們賦予他的這個榮耀。很多人都覺得不可思議，總統是那樣尊貴，科學家怎麼可能享受這樣的待遇呢？但是對於猶太人來說，卻絲毫也不覺得奇怪，在他們眼中，有知識的人是最聰明的人，他們掌握著真理，讓他們來統治國家，一定是這個國家的幸運。在人類歷史上，這是第一次邀請一個科學家來出任國家的最高元首，可以看出他們對知識的熱愛和崇拜達到了無以復加的程度。

猶太人熱愛知識，他們認為，在這個世界上，世俗的權威不重要，財富和金錢不重要，只有知識才是最重要的。權威若缺乏人們的擁戴和支持就不能成立，財富和金錢也會隨著時間而發生變化，只有知識是生存和發展的可靠保證。只要擁有了知識，依然可以憑藉自己良好的教育、傑出的智慧、經商的經驗，再次變得富有。

熱愛知識的猶太人迫不及待地投入到現代的教育。在猶太人聚集的北美，免費的公共教育體制把大批的猶太人招進了學校的大門，這對猶太人來說，是他們最大的福祉，北美給他們的最大恩惠莫過於開放性的教育體制，而猶太人則會竭盡全力使他們的子女能夠完成學業。

在猶太家庭中，父親出去賺錢，母親留在家裡照顧孩子，以確保他們的孩子能夠上學。為了子女們的教育，他們真是想盡一切辦法也要保證自己的孩子不落人後。猶太孩子們經常超過了國家要求的接受教育年齡，甚至在超過正常工作年齡之後，仍在學校裡學習。而對於一個猶太家庭來說，他們的子女如果能夠考取博士，這就是父母最大的榮耀了，這個家庭也將成為大家爭相學習和效仿的對象。

早在十一世紀時，猶太民族就幾乎消滅了文盲，人人都能閱讀識字。進入近現代以後，猶太民族樂於學習、善於學習、崇尚知識的巨大優勢立刻表現出來，他們迅速地適應和接受了現代教育，在文化科學領域裡迅速地超越別人。因此，在近現代，猶太民族人才輩出、群星璀璨，出現了一大批的科學家、眾多的諾貝爾獎得主和各行各業的傑出人物。

對數字的鍾愛

在猶太商人的經商理念中，如果你要賺錢，就要把數字準確地運用到生活中，並經常接近它。

鍾愛數字，使用數字，這是猶太人在幾千年的漂泊生涯中總結出的經驗。他們根據一代代猶太前輩對數字研究的經驗，使枯燥的數字計算起來津津有味。**猶太人認為，商人必須注重數字，但這並不是說猶太人只在經商時注重數字，而是讓數字覆蓋於生活的每個角落。**

阿拉伯數字最初是由印度人發明的，後來由阿拉伯人傳到歐洲。但是如果你問：「阿拉伯數字『1』為什麼代表一呢？同理，『2、3、4』為什麼分別表示二、三、四呢？」相信不管是阿拉伯人還是印度人，對這個問題都會啞口無言。即使數學知識淵博的人也無法一下子就回答出來。但是猶太人卻能回答：「因為『1』有一個角，所以表示一，『2』有兩個角，所以表示二，其餘依此類推……」

如果你再進一步問猶太人：「可以證明嗎？」

猶太人就會毫不猶豫地回答：「這是猶太人的公理，公理是不必證明的，四千年的悠久歲月已經給它證明了！」

由此可見，猶太人注重數字，憑著對數字進行研究的幾千年經驗，從平凡的數字中找出七十八比二十二的賺錢法則，其享譽者除了猶太人，還能是誰？正是由於猶太人擁有這麼多的數字知識，所以無論在生活中還是在商業裡，數字都被他們運用自如。

猶太商人繼承了猶太民族的這一傳統，儘管猶太後裔沒有個個都在金融界服務，但即使在其他行業，猶太商人也多以金融或資產管理見長，而不是技術業務見長。許多猶太大企業家都是透過法律、財務和投資銀行的途徑，走上公司上層的。有人調查了一下美國企業界，發現即使在產業界裡擔任重要職務的猶太企業家，也多為從事金融或財務出身的。比如，杜邦公司的董事長歐文・夏皮羅最初是擔任會計工作；海灣和西方工業公司的查理斯・布盧德霍恩原為證券分析員；西太平洋工業公司的霍華德・紐曼原為金融家；迅捷美國公司的米蘇萊姆・里克利斯原為股票經紀人；雪倫鋼鐵公司的維克托・波斯納原為不動產投資商；通用動力公司的亨利・克朗原為金融家。所以，人們普遍認為，猶太商人對於數字要比解決生產中的技術性問題更加在行。

巴奈・巴納特是一個舊服裝商的兒子，小時候就讀於一所主要由羅思柴爾德家族捐助、專為窮孩子建立的猶太免費學校。他最初打算當一個演員，但有關南非容易致富的傳聞，使他改變主意。他設法弄到了四十箱雪茄，作為經商資本，離開了倫敦來到南非。

巴納特的雪茄原本打算賣給探礦者，但到那裡之後，他卻以此為抵押，獲得少量的鑽礦，從這開始，短短幾年的時間，巴納特就成了一個富有的鑽石商人和從事礦藏資源買賣的經紀人。他不是坐在城裡等著找礦者送上門來，而是步行或騎馬到礦上到處物色，尋找便宜貨，並即時買下一些別人出售的礦區。然後當這種生意進行得不順利時，他就轉做其他生意。

一八七六年，他以自己的全部財產共三千英鎊買下了毗鄰他原有礦區的一些小礦區，這些礦區經開採，一週可獲得二十克拉鑽石和二千英鎊利潤。

巴納特原先只喜歡鑽石、金子和紙幣這類看得見、摸得著的財富，而不賞識股票之類的玩意兒。但最終，隨著他投機買賣的擴大，巴納特也不得不走進證券交易所。

一八八〇年，巴納特為創辦資金達十一萬五千英鎊的「巴納特鑽石公司」，發行了大量股票，這些股票在幾小時內旋即被搶購一空，所籌集的資金超過原先要求的三倍。第二年，公司股票隨同南非證券交易市場上的股票一起大跌，但他持有足夠的股份以維持自己的企業，並乘機折價買下了其他股東拋出的股票。

這一出一進之間，其他股東最初投入的資金大部分都無償歸屬了他。到證券市場復甦之後，公司的股票跟著上漲，巴納特愈發富有了。

一八八八年，巴納特的「巴納特鑽石公司」與另一個猶太裔商人羅得斯控制的「德・貝爾礦業公司」合併，組成「德・貝爾統一礦業公司」，公司的股份共計二萬股，每股為五英鎊，其中巴納特占六千股，為最大股東。此一新集團取得了世界鑽石出產的壟斷權，並且至今仍是世界最大的鑽石生產企業，約占全球產量的九〇%。

巴納特從在倫敦時一文不名的窮小子，到三十八歲時已經成為百萬富翁，他四面出擊，投資開採蘭德金礦和購買新興城市約翰尼斯堡的地產。有一段時間，南非經濟蕭條，但巴納特卻充滿信心，低價收購了大量的地產和股票，還投資酒類貿易、建築材料、運輸、印刷出版等行業。隨著蕭條結束，市場重新趨於繁榮，巴納特也成為投機家的代表，他走到哪裡，證券交易市場就跟到哪裡。

以後，巴納特又建立了主要經營地產和黃金開採的「約翰尼斯堡統一投資公司」，該公司資本額為一千萬英鎊，但由於行情一路上漲，股票的市價很快超過了六千萬英鎊，其中約二千萬英鎊為巴納特個人所有。

更為一絕的是巴納特建立了一家專門為他拋售股票的銀行。一八九五年，他創辦了一家以一英鎊為一股，共擁有名義資產三百五十萬英鎊的股份銀行。

股票異常受歡迎，人們紛紛爭購，一夜之間價格就翻了一倍，隨後又增加到面值的三倍。但這家銀行和正統觀念中的銀行完全不同，它只是一家專門拋售巴納特所擁有的南非各企業股票的信託公司。

巴納特的整個企業生涯非常典型地反映了許多猶太企業家的共同特點，他從一開始對礦業、鑽石礦還是金礦都一無所知，直至最後也知之不多，但他在「操弄數字」和決定投資方向方面，卻有一種公認的天賦，一種類似於本能的直覺。這也許足以證明，猶太商人確實對錢的運行與機制天賦異稟。

這或許得益於他們悠久的放債傳統，使他們能「赤手空拳」地闖進實業界，並在最短的時間裡發跡。而這種模式的普遍存在和廣泛適用，只能證明，猶太商人的經營方式和現代金融資本主義有著高度的契合。

做買賣，一切活動離不開精確的數字計算，滿足於「估計」、「大概」、「差不多」，那容易產生偏誤，甚至會成為一筆糊塗帳，導致經營的失敗。

用一生來學習

如果把生活看成是在自己前面無限延伸的、漫長的、渺無盡頭的道路，那麼學習就是前行中的明燈。只要不斷地堅持學習，不斷努力向前走，就不會在路途中迷失方向。

猶太民族流傳著一句話：「學習是最高的善」。在猶太人眼裡，知識是使一個人不斷上進的積極動力，一個人可以沒有錢、沒有地位，但是不可以沒有知識。

在學習效果方面，猶太人也顯示出了他們的聰明與智慧。人類文明的發展主要是靠兩種東西的積累：物質形態的成果積累與觀念形態的成果積累。在第一種積累上，猶太人有很大的貢獻；在第二種積累上，猶太人的貢獻更大。猶太人的學問也在人類認識自身、開拓自身、約束自身方面取得了顯著成果，而且它被譯成多種語言，廣泛地影響著世人。

有這樣一則故事：一個外國商人想在大街上雇一輛馬車，他環顧了四周，發現不遠處有一排猶太人的馬車。當他走近一看，發現馬在吃草，卻找不到車夫。他覺得很奇怪，就問路人：「車夫去哪裡了？」路人回答說：「他們在車夫俱樂部。」於是，這個外國商人就來到街道深處的車夫俱樂部。在那狹窄昏暗的屋子裡，他看到一群車夫們正聚精會神地學習。

儘管是車夫，但是他們從不放棄學習的機會，只要有空閒，他們就會抓緊時間去學習，以此來增長自己的見識，開闊自己的視野，豐富自己的人生。不論身分尊卑、地位貴賤，每個猶太人都會盡力去學習，學習是他們一生的追求。這就是傳統猶太人的真實寫照。

猶太人紐特•阿克塞波就是一個把學習當作一生追求的人，他積極向上的學習態度反映了猶太人孜孜不倦地追求知識的熱情，這種精神值得人們去學習。

早在青年時代，紐特•阿克塞波就非常渴望學習語言和歷史，還渴望閱讀各名家作品，他希望透過不斷地學習來提高自身素質，使自己更聰慧與博學。

剛從歐洲來到美國時，他找到了一份工作。白天在一家磨坊工作，晚上就讀書。不久，他結識了一個女性，然後他們就結婚了。從此，他把自己的全部精力用在農場的各種開銷與養兒育女的負擔中，生活的重壓使他每天勞累奔波，他的學習也因此中斷了好幾年，他感到很遺憾，但是一直沒有放棄學習的夢想。

有一天，他終於還清了所有債務，感到輕鬆無比。他的農場土地肥沃、六畜興旺，讓人羡慕不已，此時的他已六十多歲了，一輩子就這樣忙忙碌碌地過來了，而如今沒有人再需要他，他感到很孤獨，便在山上修建了一間小屋，開始料理自己的生活。

他經常去公立圖書館借書看，感到生活從來沒有像現在這樣自由自在過。他很快發現，好多事情完全可以隨著自己的心情去做，而學習卻是每天不變的習慣。現在，白天的他不再像以前那麼勞累，夜晚也可以出去散步。清閒的生活使他有充分的時間閱讀書籍，使他可以自由自在地在知識的海洋中遨遊。

紐特・阿克塞波讀了一本現代小說，這部小說講述一名耶魯大學的學生在學業和體育方面取得成功的方法，以及他豐富多彩的校園生活。讀完這本小說後，他做了一個驚人的決定：上大學。他一輩子都夢想著上大學，可是卻沒有學習的時間和機會，現在終於可以去實現這個願望了。

為了參加大學入學考試，他每天要花很多的時間去學習。他認真地讀了許多書，熟練地掌握了好幾門學科知識，但拉丁文和數學對他來說還是有點困難。他又繼續奮發讀書，常常讀到深夜。對知識的熱情追求常常使他廢寢忘食，雖然已經六十四歲了，但他還是感覺到自己的精力依然很充足。

後來，他終於做好了入學考試的準備，於是他準備了幾件衣物，買了一張火車票，直奔耶魯大學參加大學入學考試。他的考試成績雖然不是很高，但是已經及格，順利地被耶魯大學錄取。從此，他住進了大學學生宿舍，過著有別於以往的生活。

上大學後，總有學生取笑他，因為，當大家看到一位白髮蒼蒼的老頭子坐在講臺下，認真地聽一個年齡比他兒子還小的教師在講臺上講課，覺得很滑稽。除此之外，同學們還把他當作異類看待，因為他上大學的目的與眾不同。其他同學選修一些對以後找工作賺錢有幫助的科目，而他卻對有助於賺錢的科目不感興趣，他是為了學習而學習。儘管同學們非常排斥他，但是並沒有影響他對知識的渴望，**他的目的是要瞭解人們怎樣生活，瞭解人們心裡在想些什麼。他想讓自己的餘生過得更有價值、更有意義，他想感受生活的豐富多彩，更重要的是，他能夠在學習中找到自由與樂趣。**

縱觀猶太人的歷史，猶太人把學習當作自己一生的追求與永不改變的職責。

打開世界大門的鑰匙

聰明的猶太人知道語言的重要性，特別是在從事商業活動中，猶太商人把掌握外語視作自己賺錢的資本。

猶太商人良好的外語能力讓他們可以在世界各地暢遊無阻，精通外語是他們經商的利器。

猶太人的外語水準都比較好，他們能熟練地掌握一種以上的外語，甚至可以自如地與外商交談而不需要翻譯人員，這成為猶太人經商成功的重要法寶。

著名的猶太裔科學家愛因斯坦生於德國，他除了精通猶太民族的希伯來語和德語外，還精通英語，精湛的外語技能使他博採眾長，成為二十世紀最傑出的科學家之一。

對於現在的社會，外語早已不是從事涉外工作人員必備的語言工具了，而是每個人都必須掌握的知識和技能。「商人不需要學習外語，只有外交工作的人才需要學習外語」這一論調，只適用於過去封閉的社會，人們很少和外界交流，極少和外國人打交道的時代。在時代飛速發展的今天，做一個成功的商人，就要至少掌握一門外語，並且可以自如地與外國人交談。

因為這個時代是一個知識、資源互相交流的年代，你不能熟練地掌握外語，就意味著你被排除在世界文化和經濟交流的大門之外。一項調查顯示：如果一個群體、一個國家無法和外界很好地交流，缺乏相應懂外語的人員，就會與世界隔絕，與人類文明的發展無緣，那麼不但沒有進步而且會逐步衰退。

對於現代社會來說，文化和科技的發展，早已衝破國界、跨越國家、跨越民族而相互溝通和交往，這讓精通外語的猶太人如魚得水，在世界各地自由地來往，其原因就是他們普遍懂得外語。他們與外國人交流時，可以用對方國家的文化思維來思考問題，他們對外國知識和文化的理解，往往讓那些國家的人感到吃驚。

而猶太人則是利用這獨特的優勢，迅速地掌握各種資訊，以便很快地做出決策。在與外國人的實際接觸中，猶太人對對方的心理和習慣也幾乎是瞭若指掌，這樣雙方的溝通自然就很容易。由於他們對對方國家各個部門的習慣也瞭若指掌，以至於他們的許多事情都能得到對方國家高層的重視和支持。這對於其他商人簡直是想破頭皮也難以達到的，因為他們的能力和水準實在是太高了。

猶太人愛說英語中的「nibbler」這個詞，它是由「nibble」延伸而來，變成了一個名詞。nibble是指釣魚時，魚兒咬吃鉤上餌料的動作。聰明的魚會把鉤上的餌吃光而不被釣著，而笨魚則會被釣起來。猶太商人將吃得魚餌而逃走的魚叫做「nibbler」，即做商人要做聰明的商人。如果不懂外語，對他國的情況和處事風格不熟悉，就很容易在貿易中被「釣」起來。

語言是人類之間、民族之間和國家之間溝通感情和交流文化技術的橋樑，在全世界五百六十五種語言中，使用最廣的僅有十種，它們是漢語、英語、俄語、西班牙語、印地語、日語、德語、阿拉伯語、法語和葡萄牙語。講漢語的人最多，占世界人口的五分之一；其次是英語，使用人口約有四億。學會這些主要語言，對於一個人事業的成功是很重要的。

「精通外語是經商的利器」，猶太人很早就領悟、發現和重視這一秘訣了，猶太人在世界上舉足輕重的地位，也是猶太人重視外語的結果。如果和猶太商人打交道，你便會驚詫於他們的外語水準，其流利的口頭表達能力、快速的理解力，正是貿易談判中所不可缺少的。

一個商人在國際貿易談判時，假如不懂對方的語言，對方也不懂你的語言，而是藉助別人的翻譯來理解對方的意思，勢必會影響判斷的速度及其正確性。而熟知多種外國語言的猶太人，在國際貿易談判中判斷的速度確實令人吃驚。他們除了學習英語外，還要求自己至少再學一門外語。多種外語的掌握，有助於擴展業務，可直接與多國進行貿易合作和商品交易，以便為賺錢提供更多的途徑。

英語是國際上廣泛運用的語言。在國際中的經濟文化、科技交流或政治活動，多是利用英語進行，可見英語的重要性。能講一口流暢的英語，是賺錢的第一條件。

每個猶太人都會說一口流利的英語，這使他們在世界貿易中暢通無阻。猶太人賺的錢，有一大部分應歸功於他們精通英語，對國際商人來說，更是如此。

第五章　獨特的教育藝術

猶太人多偉人和名人，這與他們的教育有直接的關係。因為良好的教育，是高度文明的先決條件。猶太民族常常被稱為「書的民族」。因為猶太人是一個喜歡讀書、善於學習鑽研、善於從書中獲取知識的民族。

自強不息的猶太民族

自強不息的精神是催人奮進和獲取成功的法寶，是猶太人的一種制勝術。

成功不是水中的月亮，看得見、摸不著；成功也不是霧中的小花，美麗卻聞不見芬芳。成功並不難，難的只是你願不願意成功。

猶太人的成功讓世人震驚。從羅馬帝國時起，猶太民族家園就被侵占，但至今他們仍保持著自己的特色和民族凝聚力，他們甚至在動盪不安的日子中還能做出種種驚天動地的偉業。

處境如此惡劣，成就卻如此突出，究竟是什麼原因形成了這種強烈的反差？歸根結底，是因為猶太民族具有自強不息的進取精神。

猶太民族是一個苦難深重的民族。歷史上數次大遷徙、大流散，猶太人慘遭奴役、驅逐和殺戮。「逆境生人」，這些歷史遭遇沒有使猶太人滅亡，也沒有使之屈服，反而鍾煉了猶太民族高度的愛國主義和不屈不撓的抗爭精神。

世界上的猶太人大約有一千二百萬，其中一半生活在以色列，一半散居國外。猶太人無論在哪裡，都時時刻刻牽掛著自己的祖國，盡一切可能幫助和支持自己的國家。凡猶太人居住地都有猶太社團，他們千方百計設法影響駐在國對以色列的政策，其中以美國的猶太集團影響最大。

散居國外的富有猶太人不但回國投資，也大筆大筆地捐款給學校、研究機構和慈善事業。猶太民族自強不息、奮鬥不止、勇於創新的精神，一直為人們所稱道。正是靠著這種精神，猶太民族孕育出眾多傑出的歷史人物。

被稱為改變世界歷史的偉人馬克思就是猶太人，馬克思為了共產主義事業貢獻了畢生的精力。一生中，他屢受挫折，屢遭驅逐，為了寫《資本論》，他花了整整四十年的時間，如果沒有自強不息的信念，他又如何堅持？在逝世前，馬克思仍然說：「我已經把我的全部財產獻給了革命鬥爭，我對此一點也不感到懊悔。要是我重新開始生命的歷程，我仍然會這樣做。」

著名的羅斯柴爾德也是猶太人自強不息的代表。在成功之前，羅斯柴爾德曾效命於一位公爵，並且做了二十年。在這二十年中，他一直忍受著公爵對他猶太人身分的鄙視，孜孜不倦地工作著，最後終於成為控制歐洲經濟命脈的金融巨擘。

還有世界連鎖店先驅盧賓，他也是猶太人。一八四九年他出生於俄國，因為受到歧視，不得不遷居到英國，在那裡由於溫飽無保，又不得不遷居到美國紐約。由於沒有條件讀書，十六歲那年，他去淘金。淘金失敗迫使他另謀生路，於是他從擺攤賣小日用品開始，逐步發展成大商店，最後創造出連鎖商店經營模式，成為大富豪。

還有很多著名猶太人，如諾貝爾生理學及醫學獎得主巴拉尼、「世界語之父」柴門霍夫、著名猶太詩人海涅、音樂家帕爾曼、文學家戈迪默、影星達斯汀・霍夫曼等，他們無不是在艱難和厄運中自強不息，最終取得成功的。

猶太人並不是什麼天生的幸運兒，但都以頑強的毅力取得了成功。以色列為什麼能在短短的時間之內躋身於世界經濟前列？

這一切無不得益於自強不息的精神。

由此可以看出，自強不息能讓人產生信心，有了成功的信心，就能設法發揮自己潛在的力量，這種力量用於自己的奮鬥目標，就可以排除萬難，勇敢地面對現實，堅持不懈，並最終獲得成功；相反的，沒有自強不息精神的人，就會輕易地自我否定，並壓抑自我發展的想法和潛力，成功也必然對其敬而遠之。

一切以教育為先

沒有知識的人不算是真正有用的人，只有那些具備豐富閱歷和廣博知識的人，才能在世界各行各業中生存。

猶太民族除了具有學習和求知的傳統外，他們還遵奉著一套完善的教育制度。猶太人四處流浪，他們的「學校」也隨之遷移，在居無定所的惡劣環境下，猶太人從來沒有忽視教育，而是將其列為首要的事情。

猶太人很早就實行了義務教育，稱得上源遠流長。從他們對教育的重視和對教師的敬重，任何人都不難想像出教育的場所——學校，會在猶太人生活中具有何等的地位。

在一九一九年，猶太人和阿拉伯人正處於日趨激烈的衝突之中，耶路撒冷的希伯來大學便在前線隆隆的炮火聲中奠基開工。此後愈演愈烈的衝突，並未能阻止這所大學在一九二五年建成並投入使用。

今天，人口僅四百多萬的以色列卻擁有六所世界一流的名牌大學：希伯來大學、特拉維夫大學、以色列理工學院、海法大學、本占里安大學和巴爾伊蘭大學。

以色列重視教育，把教育當作是開創未來的關鍵。其主要做法如下：

對教育的投入一直很高

始終保持在GDP的九%至一二%。政府為每個小學生每年花費三千九百三十八美元，為每個大學生花費一萬一千零三十六美元，均高於其他發達國家。以色列的猶太人中，受過高等教育的占三八%，受過中等教育的占七〇%，這在世界上也是名列前茅的。

將教育置於法律的基礎上，成為教育法制化國家

「義務教育法」規定，五至十七歲的孩子必須接受免費義務教育，十八歲未學完國家規定課程的成年人要學完高中課程。此外，還有「國家教育法」、「高等教育委員會法」、「學校督導法」、「特殊教育法」，從教學內容到具體管理，從一般培養到特殊教育，甚至對學生的課時都做了規定。

注重啟發式教育

無論是中學還是大學，教學都比較寬鬆。但對中小學課時做了規定，學校教育每週四天，每天不得少於八小時，週末學習一天不得少於五小時，星期五不得少於四小時。這些規定是要學生把課程主要消化在學校裡和課堂上，減輕學生負擔，沒有繁雜的家庭作業。

注重課外教育

參觀展示二戰期間猶太人悲慘遭遇的「大屠殺博物館」是每個學生的必修課。學校還組織學生參觀眾多的博物館、展覽館、農產品展覽、花卉展覽等，使學生接受愛國主義教育和廣博的課外知識。

部隊教育作為青年人成長教育的重要一環

凡年滿十八至二十六歲的猶太人，男子須服役三年，女子一年半，這實際上是學校教育的繼續。在軍隊中，年輕人接觸一些先進的武器裝備，培養了必備的各種技能，同時培養團隊精神，團結協作，相互支持。這些都為今後的工作奠定了良好的基礎。

猶太人之所以特別重視學校的建設，除了他們具有那種「以知識為財富」的價值取向之外，還因為在他們看來，學校無異於一口保持猶太民族生命之水的活井。《塔木德》中記載的三位偉大拉比之一，約哈南・本・箚凱拉比就認為：學校在，猶太民族就在。

西元七十年前後，占領猶太國的羅馬人肆意破壞猶太會堂，圖謀滅絕猶太人。面對猶太民族遭受的空前浩劫，約哈南殫精竭慮想出一個方案，他必須親自去見包圍著耶路撒冷的羅馬軍隊的統帥韋斯巴襄。約哈南拉比假裝生病要死，才得以出城見到羅馬的司令官。他看著韋斯巴襄，沉著地說道：「我對閣下和皇帝懷有同樣敬意。」

韋斯巴襄一聽此話，認為侮辱了皇帝，做出要懲罰拉比的樣子。

約哈南拉比卻以肯定的語氣說：「閣下必定會成為下一位羅馬皇帝。」

將軍終於明白了拉比的話，很高興地問拉比此行前來有何請求。

拉比回答道：「我只有一個願望，給我一個能容納大約十個拉比的學校，永遠不要破壞它。」韋斯巴襄說：「好吧！我考慮考慮。」

不久以後，羅馬的皇帝死了。韋斯巴襄當上了羅馬皇帝。日後當耶路撒冷城破之日，他果然向士兵發布一條命令：「給猶太人留下一所學校。」戰爭結束後，猶太人的生活模式，也由於這所學校而得以繼續保存下來。

約哈南拉比以保留學校這個猶太民族成員的塑造機構和猶太文化的複製機制為根本著眼點，無疑是一項極富歷史感的遠見卓識。一方面，猶太民族在異族統治者眼裡，大多不是作為地理政治上的因素考慮，而是文化上的吞併對象。另一方面，猶太人有別於其他民族，首先不是在先天的種族特徵上，而是在後天的文化基因上。

我們完全可以說，為了達到這一文化目的，猶太人長期追求的，不僅僅是保留一所學校，而是力圖把整個猶太人生活的傳統和猶太文化的精髓保留下來。從猶太民族兩千多年來持之以恆、極少變易的民族節日，到甘願被幽閉於「隔都」之內以保持最大的文化自由度，到復活希伯來語，再到基布茲運動，所有這一切都典型地反映出，猶太民族這種獨特追求以及所生成的獨特智慧。

這種智慧就是對民族文化的高度自信、執著和維護！也正基於此，猶太人才會認為沒有知識的人不算是真正有用的人。絕大部分猶太人學識淵博、頭腦靈敏。在他們眼裡，知識和金錢是成正比的，只有豐富的閱歷和廣博的知識，才能在世界各行各業中生存。

猶太民族的「磨難教育」

給他苦難教育，才能讓他真正長大。

「磨難教育」簡單地說，是體會苦難的一種過程。著名心理學家馬斯洛曾說過：「挫折未必是壞的，關鍵在於對待挫折的態度。」對於青少年來說，挫折既可以使他們產生消極情緒，也可以磨鍊其意志，使之奮發向上。對挫折的耐受力固然與個人先天特質有關，但更多是後天環境所造就的，它是一個人的情感、個性、意志之結合表現。歷經一次磨難，就會獲得一次再生的機會。真正的人生需要磨難，同時，磨難也以它的冷峻無情使強者的命運獲得價值和昇華。

「競爭需要磨難，吃苦也是財富」，這是正被各國學校、家長日益認同的教育理念。因為，在現在這個時代，既靠知識和智慧的較量，更重意志和毅力的比拚，「新新人類」

如果沒有吃苦耐勞的能力與韌勁，就不可能在競爭激烈的社會發展中立足取勝。猶太人就十分重視從小培養孩子的吃苦精神，讓自己的孩子從小經歷磨難、吃點苦頭。

對於磨難，每個人都會有一種不由自主想要逃避的心理，殊不知，經歷了磨難之後的生活才能更甜。所以，只有教給孩子吃苦的本領，他才能夠明白究竟什麼才是真正的甜。

在迦太基一家著名博物館裡有一幅畫，名為《將軍》，畫面上是一個人正在和魔鬼下棋，而且魔鬼正在將軍。這一盤棋正是人類命運的象徵，而苦難就是那個正在將軍的魔鬼。猶太人總是對自己的孩子進行「磨難教育」，在他們看來，苦難可以轉化為生命的財富，人類正是在和魔鬼的戰鬥中鍛鍊了自己。

曾經有一則關於「磨難教育」的小故事：

一個研究《塔木德》的猶太學者，剛剛結束他的學習生涯，就到艾黎紮拉比那裡，請求給他寫封推薦信。

「我的孩子，」拉比對他說：「你必須面對嚴酷的現實。如果你想寫出充滿知識的書，你就必須像小販那樣，帶著瓶瓶罐罐，挨門挨戶地兜售，忍饑挨餓直到四十歲。」

「那我到四十歲以後會怎麼樣？」年輕的學者滿懷希望地問。

艾黎絮拉比笑了：「到了四十歲以後，你就會習慣這一切了。」

猶太人的「磨難教育」由來已久，「逾越節」就是其中一個最重要的節日。「逾越節」是為了紀念摩西帶領猶太人逃出埃及而設立的，透過講述祖先的艱難歷程和吃特殊的食品，進行憶苦思甜和認知生命的艱難。在「逾越節」的時候，每家桌上都會擺著三塊無酵餅、一盤食品、五種食物和四杯酒，當然，這些食物都具有各自的寓意。

先說三塊無酵餅，當年猶太人逃離埃及時，來不及準備路上的乾糧，只能吃沒發酵的餅，三塊的說法是為了紀念猶太人的三位祖先。

五種食物是：烤羊腿、烤雞蛋、哈羅塞斯、一碟苦菜、一碟鹽漬芹菜。烤羊腿，是「逾越節」的祭品，猶太人失去聖殿後，無處獻祭，於是就在宴席上用烤羊腿（或烤肉）代替；烤雞蛋，「逾越節」的雞蛋是烤的，烤的蛋很堅韌，很難咬碎，比喻猶太民族就像烤的蛋，受的苦難時間愈長愈堅強，好比烤蛋烤得愈久愈堅硬一樣；哈羅塞斯，這是一種水果、香料和酒混合的食品，呈泥狀。猶太人在逃出埃及前，法老王為難他們，命他們做磚，又不給材料，藉此責打他們，哈羅塞斯是讓人想起做磚的泥；一碟苦菜，是紀念猶太人在埃及受的苦；一碟鹽漬芹菜，是猶太人逃離埃及時，喝過帶苦澀味的海水，鹽漬芹菜，意思是要猶太人永遠記住這些苦難。

再說四杯酒，「逾越節」家宴的程序由四杯酒串聯，中間會講一些有關猶太人逃離埃及的故事，這些故事不僅說明「逾越節」上所有食品的含義，還講述了猶太人在埃及所受的主要苦難和逃離的艱辛歷程。

磨難教育對一個人的一生影響深遠，很多人總是逃避磨難，不願意去挑戰，但要知道，只有經歷磨難，才能從磨難中汲取動力和能量，只有真正懂得磨難的含義，才能品出磨難賦予它的甜。

然而，現在的很多家庭，家長不捨得讓孩子吃苦，捧在手裡怕摔著，含在嘴裡怕化了，恨不得為孩子做一切。在這樣的教育環境下，孩子好吃懶做、嬌氣任性，還缺乏責任心、感恩心。

但是，站在孩子的角度想一想：很多事情沒有經歷過，不知道生活還有不如意的一面，很多東西都像是天上掉下來的一樣容易，不需要費一點心力，這個時候，他怎麼有機會、有能力去承擔生活給他的各種考驗呢？

成功源自興趣的培養

濃厚的興趣是人成長的重要心理條件之一，任何事情只有建立在興趣的基礎上才能真正有效。

興趣是人積極探究某種事物的認識傾向。當一個人對某件事或某個活動產生濃厚的興趣時，他的整個心理活動都處於積極主動的狀態。研究顯示，濃厚的興趣是人成長的重要心理條件之一。

世界上沒有哪一位科學巨擘不是從興趣成長起來的，孩子好動是好事，玩玩拆拆，表示他在動腦筋。有一句話說得好，當一個人為了興趣去做事情時，會樂此不疲，再苦、再累也願意；當一個人做事情沒有興趣時，就是給他多少錢，他也感覺不痛快，就是因為沒有興趣。

有人說：「凡是孩子發生興趣並主動要做的事情，十有八九會成功。」興趣是決定一個人能不能成功的重要因素，很多理性的家長都會根據孩子的興趣來挖掘他們的潛力，讓孩子真正走向成功之路。

每天的時間都是二十四個小時，孩子的年齡上下也差不了多少，壽命基本上也差不多，在不出意外的情況下，能把大量的時間集中在興趣點上，努力去鑽研、實踐下去，今天不成功，明天不成功，總有一天會成功。

沒有興趣的學習就是機械式的學習，為了應付而學習；沒有興趣的工作，就是被動的工作，為了生存而工作。這不應該是每個人在做事情時的正常狀態，因為這樣只能讓一切毫無趣味可言，那麼，做這件事情本身也就失去了最根本的意義。所以，身為父母，要懂得以興趣作為孩子行為的動力，這才是最巧妙而且最有效的做法。

「寶貝，學小提琴吧，你看多高雅！」

「可是我不喜歡！」

「寶貝，這可是我和你爸爸一直以來的心願，你看，我們給你買了最好的小提琴，又給你請了那麼好的老師，你就學學吧！再說，會拉小提琴顯得你多有氣質啊！」

苦口婆心之後，孩子勉強學了小提琴，可是最後，父母的臉上沒有流露出什麼高興的神色，反而是一副「恨鐵不成鋼」的表情。為什麼？孩子被逼著學，能學好嗎？就算最後能彈奏樂曲，相信他的琴聲裡必然沒有感情。人只有在做自己真正感興趣的事情時，才能投入百分之百的熱情。猶太人就深知這一點。

美國大導演史蒂芬．史匹柏是猶太人。在他十二歲生日時，做電氣工程師的父親送了他一件非常珍貴的禮物——微型攝影機，以便使他能夠「用影像記錄往事」。顯然，史蒂芬被這神奇的玩意兒迷住了，爸爸的鼓勵和引導讓史蒂芬愛上了攝影，從此，拍電影成為他最大的樂趣。

費曼是第二次世界大戰後美國天才的理論物理學家，他所創造的「費曼國」，被人們拿來和電子元件中的「矽片」相提並論，兩者都大大提高了電腦的工作速度，在效果上千百倍地延長了科技人員的壽命。諾貝爾獎得主漢斯•貝特曾說天才有兩種：普通的天才完成了偉大的工作，但人們覺得那工作別人也能完成，只要夠努力就行了；特殊的天才，他做的工作別人誰也不能做，而且完全無法設想。貝特認為費曼屬於後一種天才。

為什麼費曼能成為這種「特殊的天才」呢？據說，在費曼很小的時候，父親就買了五顏六色的「馬賽克」給他玩，讓他擺出各種花樣。等他稍大後，父親又經常帶他散步和做遊戲，和他討論為什麼小鳥會不斷地啄自己的羽毛之類的問題，藉此激發他認識事物的興趣和習慣。稍大一點，父親不僅幫助他在家中建立了自己的實驗室，還培養他成為修理收音機的能手。

父親對費曼興趣的培養和教育讓他取得了優異的成績：費曼二十四歲獲得博士學位，二十八歲擔任康乃爾大學教授，四十七歲獲得了諾貝爾物理學獎。

興趣可以讓一個人變得充滿激情，興趣可以讓一個人全力以赴，興趣可以讓一個人取得意想不到的成就，這些都是強迫式教育所得不到的。只有建立在興趣的基礎上，學習和做其他事情才能真正有效。興趣第一，這是諸多猶太名人對教育的告誡！

理財教育要趁早

一定要教給孩子謀生的手段，只要世界上多一個成功的商人，就會少一個竊賊。

當今社會，大人們愈來愈重視對孩子的理財教育。在一些先進國家和地區，人們十分重視兒童的理財教育，這種教育甚至滲透到了兒童與錢財發生關係的一切環節之中。

猶太民族出現了那麼多富商巨賈，猶如天上的星星一樣璀璨，這與他們從小就注重理財教育是密不可分的。在猶太人的心目中，智慧不僅不排斥金錢，而且他們還深信，如何賺錢是可以後天教出來的。所以，他們對孩子的理財教育有一套獨特的方法，從小就給孩子灌輸金錢很重要的觀念。一句猶太諺語就這樣說道：「**一定要教給孩子謀生的手段，只要世界上多一個成功的商人，就會少一個竊賊。**」

如今的猶太人會主動教育孩子如何賺錢發財，他們會送股票給剛滿周歲的小孩；孩子三歲時，父母就開始教他們辨認硬幣和紙幣；五歲時，讓他們知道錢幣可以購買他們想要的一些東西，並告訴他們錢是怎麼賺來的；七歲時，教孩子看懂商品標籤的價格，並加深「錢能換物」的理財觀念；八歲時，讓他們透過打工賺錢，並把錢存在銀行裡；十一至十二歲時，要他們執行兩週以上的開銷計畫，懂得正確使用銀行的術語……

這樣，猶太人家的孩子很小就知道金融等方面的知識，稍大一些，他們就對金融業的運作模式瞭解得更加深入。這也是為什麼猶太人在金融業占有優勢的原因，這和他們從小就對錢很敏感的特質有著很大的關係，難怪有人讚嘆猶太人是天生的銀行家。

很多猶太大亨在很小的時候，就知道怎麼賺錢了。比如洛克菲勒，他出生於一個典型的猶太家庭，父親經常用猶太人的教育方式教導他。

洛克菲勒的父親在他四、五歲的時候，就讓他幫媽媽提水、拿咖啡杯，然後給他一些零用錢。他父親還把各種勞動都標上價格：打掃十坪的室內可以得到半美元；打掃十坪的室外可以得到一美元；為父母做早餐得到十二美元。當他再大一點的時候，父親就不會再給他零用錢了，只告訴他，如果想花錢，就要自己賺。

這時候，父親會讓他到自己的農場幫忙打工，擠奶、送貨、算帳甚至做些雜活，他把自己為父親做了多少事，都記錄在記帳本上，到了月底，就和父親結算，每到這個時候，父子就核對帳本上的每一個工作專案，有時候還會討價還價，也會經常為一點小錢發生爭執。因為這種教育方式，洛克菲勒六歲的時候，就做了一筆買賣。有一次，他在郊外捉到了一隻火雞，於是他沿街叫賣，最後賣給附近的一位鄰居。父親認為他有從商的特質，而對他大加讚賞。有了這次的經歷與父親的鼓勵，洛克菲勒的膽子大了起來，思路也開闊了。不久之後，他就做起了「銀行家」，把從父親那裡賺來的五十美元貸給了附近的一個農民，到了歸還的日期，洛克菲勒準時去討債，連本帶利收回了五十三・七五美元。這件事令附近的人們覺得不可思議，他們都佩服這樣一個小孩居然能有這麼好的生意頭腦。

洛克菲勒成名之後，同樣也用這套方法來教育他的子女。在他的公司，洛克菲勒拒絕他的兒女們進入，即使是他的妻子，他也極少讓她進入公司，除非有什麼急事。有一次，他十五歲的二女兒瑪莉亞因為有事情找他，於是來到他的辦公室，恰巧他出去辦事不在，後來洛克菲勒知道瑪莉亞進過他的公司，回家時居然大發雷霆。因為洛克菲勒要讓孩子們知道，一切必須靠自己的奮鬥去得到成功，絕不要因為父親是富翁，而讓他們產生任何的依賴感。在家裡，洛克菲勒還做了一套虛擬市場經濟，洛克菲勒讓妻子當總經理，而讓自己的孩子們做家務，由自己的妻子根據每個孩子做家務的情況給他們零用錢，整個家庭似乎就是一個公司。洛克菲勒不但教育子女們要學會賺錢，同時還告訴他們要學會理財和節儉，也就是要掌握開源和節流兩套本領。他在廚房裡擺放了六個杯子，杯子上寫著每個孩子的姓名，裡面裝的是孩子們一週用的方糖。如果哪個孩子多吃了杯子裡的方糖，那麼，等到別人喝咖啡放方糖的時候，他就只有喝苦咖啡，或者等到下週父母再次發放。

洛克菲勒讓孩子們學著記帳，要求孩子們在每天睡覺前，必須記下當天的每一筆開銷，無論是買了玩具還是買了食品，都要一一記錄。洛克菲勒每天晚上都要仔細查看孩子們做的記錄，無論孩子們買什麼，他都要詢問為什麼要買這些東西，讓孩子們做一個合理的解釋。如果孩子們的記錄清楚、真實，而且開銷很合理，讓他覺得很滿意，就會獎賞孩子們五美分；反之，就會警告他們，下次再犯類似錯誤的話，就會扣五美分的零用錢。這種教育方法使得孩子們的積極性很高，他們都爭著把自己的帳本送給父親檢查，並讓父親進一步指導他們需要改善的地方。

猶太人這些早期的有關財富的教育，讓孩子們很早就知道怎麼投資，怎樣獲得財富，怎樣理財。這些教育，都為他們日後的成功，打下了堅實的基礎。

教育決定未來

如果學習是最高尚的事，那麼，創造學習的機會便是僅次於學習的事。

熱愛知識、重視教育是猶太人一個非常顯著的特點。在猶太社會中，文化教育占據著舉足輕重的地位。猶太人認為，人生的第一義務是教育子女。

由此可見，猶太人把教育兒童作為畢生的事情。他們之所以如此強調對子女的教誨，是因為他們意識到，一個人的成材不在先天稟賦，而在後天的培養。

早在中世紀的時候，遍及歐美的猶太社團都極為重視教育與學術研究。雖然猶太人在很長一段時間受到了不公平的待遇，但對教育事業始終沒有放棄。為了讓孩子成為有知識的人，猶太人對教育懷著極高的熱忱。

為了振興以色列的教育事業，很多以色列國家政府官員從工作崗位退下來之後，又全身心投入到教育事業中。如前總統納馮教授在卸職以後，又當上了教育部部長，而且還全心投入其中。這在其他國家是極為罕見的，但在以色列卻是很平常的事，原因就在於他們真正認識到了「教育是社會發展的先決條件之一」。

著名科學家卡齊爾在卸下總統職務後，便到魏茲曼科學研究院和特拉維夫大學從事學術研究，而且常常給學生們上課，三尺講壇成了他工作中難以割捨的一部分。

以色列歷任政府在教育問題上的政策始終如一，他們都視教育為以色列社會的一種重要財富，認為它是開創未來的關鍵。他們教育的目標是把一個人造就成對國家、對民族富有責任感的人。

猶太人對教育的重視不是空喊口號，而是實實在在地投入，政府會千方百計地為教育創造各種優厚的條件。

一九四九年，以色列頒布了《義務教育法》，這是這個國家最早制定的幾個法律之一；一九五三年頒布了《國家教育法》；一九六九年頒布了《學校審查法》。這一系列法律的制定，確立了教育的地位，形成了以色列特色的教育制度。

以色列在教育方面投入了較高的經費。從二十世紀七〇年代始，以色列教育經費始終高於國民生產總額的八％。以色列的教育投資之高，在世界上也是罕見的。正因為有了較高的教育投資，以色列的教育才呈現迅速發展之勢。

《塔木德》上說：「**如果學習是最高尚的事，那麼，創造學習的機會便是僅次於學習的事。**」所以，許多猶太社團都把教育投資視作一種責任與義務，每一個社團都要提供年輕人去各種學校學習所需要的經費。他們還支持每個年輕人輔導兩個小孩，以便他能和孩子們口頭討論他已學過的《革馬拉》，進而體驗《塔木德》觀念的實質。

小孩將由社團慈善基金會或公共食堂提供伙食，如果社團是由五十個家庭所組成的，那麼它至少要撫養二百個青年和兒童。一個家長將被指定撫養一個青年和兩個兒童。在整個以色列的猶太家庭中，幾乎沒有不潛心鑽研《塔木德》的人。

在每個社團，學院的院長都享有盛譽。在這裡學習的每一個人，不管是富人或窮人都聽從他的教誨，每個人都順從他的吩咐。也沒有人對他的權威性表示質疑，當然他的學識很淵博。他手持木棍和鞭子，懲戒和責打越規者，頒布學院法令和禁令。但是，每個人都熱愛學院的院長。

由於學習和研究需要花費大量的資金，單靠社團本身來籌措，往往力不從心。因此，猶太人把教育事業與慈善機構結合起來，把「什一稅」作為追求學問的經濟支柱。

此外，一些發跡的猶太人也紛紛解囊，為教育和研究提供經費。在他們中間早已達成一種共識：賺錢營利並非最終目的，而是要用賺來的錢「購買知識與經驗」。

直至今天，猶太人捐款的第一順位仍是學校建設。在以色列的一些大學裡，獎學金、研究基金都由外國猶太商人提供。希伯來大學、特拉維夫大學、以色列理工學院這三所最有名的大學中，至少有一半董事是外國人，尤其是美國猶太人。在他們看來，幫助以色列興辦教育才是民生大計。

以色列的大學是公認的世界一流大學，凡是到過以色列的人必定會去「遊覽」，而人們無不為它們校園之幽美、建築之宏偉、設備之先進和藏書之豐富讚嘆不已。以色列的大學有許多研究成果被國際學術界公認為權威性項目。

發達的教育和優良的人才素質，終於使以色列成為一股不可忽視的地緣政治力量和國際力量。

第六章　跟猶太商人學理財

猶太人認為，會賺錢不如會管錢，這裡的管錢指的就是理財。猶太人一生都在與錢打交道，當然在理財上也形成了一套獨特的方法和理論。時至今日，猶太人的理財方法和理論仍然可行。由此可見，應像猶太人一樣，善於理財，精於理財。

理財要趁早

理財活動應愈早開始愈好，並要培養持之以恆、長期堅持的耐心。

猶太商人愛用一個比喻：沒底的水桶去汲水，水並不會完全漏空，至少還可以剩下一些，用像那些積存滴水一樣的方法來存錢，同樣有希望能變成富翁。這的確是個很好的忠告。

很多人都會為自己收入低而抱怨，認為自己沒希望成為富翁。一旦存在這種想法，假使一個人的收入很多，也永遠不可能成為富翁，因為他們根本沒把小錢放在眼裡，也不懂得滴水穿石的道理。

都說愈有錢的人愈摳門，而窮人常會窮大方，可是我們應該想到，如果他沒有「吝嗇」的精神，也就不可能成為富翁了。抱有「船到橋頭自然直」的得過且過之心來對待自己的財富，是個人理財過程中最普遍的現象，也是導致有些人面臨退休時，經濟仍無法自立的主要原因。許多人認為隨著年紀的增長，財富也會逐漸增長，但是當發現理財的重要性才開始想理財時，恐為時已晚了。

很多年輕人總認為理財是中年人的事或有錢人的事，到了老年再理財也不遲。其實，理財致富與金錢的多少關係很小，而與時間長短的關係卻相當大。人到了中年面臨退休，手中有點閒錢，才想到要為自己退休後的經濟來源做準備，卻為時已晚。原因是時間不夠長，無法讓小錢變大錢，因為那至少需要二、三十年以上的時間。既然知道投資理財致富，需要投資在高報酬率的資產上，並經過漫長的時間作用，那麼我們應該知道，除了充實投資知識與技能外，更重要的就是進行及時的理財行動。理財活動應愈早開始愈好，並培養持之以恆、長期堅持的耐心。

巴菲特一九九六年被美國《財富雜誌》評定為美國第二大富豪，被公認為股票投資之神。他到目前為止已擁有數百億美元的資產，這輩子的財富全部是從股市上賺來的。

他十一歲時開始投資股票，把自己和姐姐的一點兒小錢都投入股市中。剛開始一直賠錢，他的姐姐也不諒解他，而他表示要堅持三、四年才會賺錢，結果姐姐把股票賣掉了，而他繼續持有，最後驗證了他的想法。巴菲特十幾歲時，在哥倫比亞大學就讀，在那一段日子裡，跟他年齡相仿的年輕人只會玩，但他卻大量地閱讀金融學書籍，這使得他在股票市場上得心應手、如魚得水，錢也愈賺愈多。在一九五四年，他集資並投資創辦顧問公司，該公司資產增值三十倍以上後，他解散公司，退還了合夥人的錢，把精力集中在自己的投資上，最後巴菲特成為真正的金融大亨，曾穩坐美國首富多年。

巴菲特之所以有如此多的財富，與他六十年堅持的投資參與意識和從小就開始總結的寶貴經驗是分不開的。

年輕人朝氣蓬勃，具有旺盛的鬥志。商場如戰場，具有極強的挑戰性和冒險性，年輕人應該是此一戰場上的主力軍。

在西方，十八歲的年輕人已開始自立，獨立養活自己，不再伸手向父母要錢了。他們從年輕時起就逐步理財，到中年時已是市場主要的競爭對象。而在中國，絕大部分年輕人仍然依賴父母，到中年時才開始學習理財，此時由於家庭、孩子的影響，精力已經有限。隨著年齡的增長，又面臨退休，手中有點兒錢又想為自己退休後的經濟來源做準備，根本無力再讓自己的錢進行較大規模的投資，最後也只能碌碌無為。

年輕就是財富，每個人都羨慕青春年華。我們可以用簡單的複利公式得出這樣的結論。假如年輕時有一萬元創業基金，十年後，一萬元可變成二百萬元；而年老時同樣的一萬元，十年後只能成長為六萬元甚至倒貼虧空，因此說青春年華是黃金時代，這句話一點兒也不過分。同樣的，年輕也是理財最重要的本錢，因為時間就是金錢，年輕就是財富。

「複利」給了我們一個明確的理財生涯規劃：年輕時應致力於開源節流，並開始投資理財，因為年輕時省下的錢對年老時的財富貢獻度極大。而時下年輕人所流行的觀念是：在年輕時盡情享樂，待年長之後再開始投資理財也不遲。這是錯誤的理財觀。多數年輕人總認為現在離退休還早，手頭資金不多，根本用不著考慮投資理財，常因此錯失早日理財的良機。

正確的觀念是：投資理財是年輕人的工作，而老年後的工作是如何善用財富。

如果您已瞭解時間在理財活動中所扮演的角色，就不難理解為什麼投資理財愈早愈好了。現實社會中，因年輕時注重享受而導致年老時貧窮的例子多不勝數。因此，我們有充分的理由來學習猶太人的理財觀，那就是投資理財愈早愈好。

制訂合理的理財目標

猶太人說：「既會花錢又會賺錢的人，是最幸福的人，因為他享受兩種快樂。」

其實，正確的理財觀念並非以累積愈來愈多的財富為目的。在賺錢之前，都應該有一個大致的目標。我賺錢用來幹什麼？這便是理財的目的，理財只是為達到這個目的的一種手段。

常有人會挖空心思去想：有沒有什麼辦法能快速賺大錢？愈是這樣的人，愈不容易賺到錢。

有人去問一位著名的富翁：「什麼是生財之道。」那位富翁反問：「我可以教給你，不過，你可否告訴我，你賺到錢之後，準備用來做什麼？」一般情況下求教者會說：「我也不知道，因為我從來沒發過大財。」富翁說：「那怎麼行！發財之後要到墨西哥的哥阿卡普可港去玩一趟。賺了錢以後要買房子、買汽車……預先有個詳細的目的，這就是賺錢的規則。」

要想賺錢，成功的要訣是及早發現「賺錢並不是目的，而是一種手段。預先制訂好一個目標，再談賺錢的計畫。如果只是糊裡糊塗地為錢賣命，那又何談賺錢的意義？」

尤其是年輕人，必須給自己訂立賺錢之後的計畫，並學會用錢。當然，賺錢之後不一定完全按照計劃行事，計畫也不可能十全十美，但是，起碼的計畫是必要的。

理財有了一個目標之後，還要根據具體情況確立不同時期的目標，就一個人的一生而言，在不同階段生活的重心是不一樣的，其理財目標也不一樣，根據這個標準，我們可將人生分為以下幾個階段，各個階段的理財目標也隨之變化。

單身期

從正式就業起至結婚前的一段時間，稱為單身期。單身期大概從二十歲左右開始。在單身期內，要進行的一項重要投資就是：將收入的一部分存入銀行。一開始應存活期，因為該項存款流動性很強，可幫助隨時應急面對突發狀況。當活期存款達到較大數額時，可著手存定期以獲取較高的利息。儲蓄不僅可保障未來的生活，而且也可為你進入其他獲利較高的領域奠定基礎。

如果有了一定積蓄後，近期又不想結婚，那麼將多餘的錢用於較高風險的投資，將是一件很有意義的事。因為青年時期是人一生中最衝動、最愛冒險的時期，思想、家庭負擔都較小，從事有一定程度的風險投資，既可以考驗自己的實力，又能為生活增添一份挑戰，何樂而不為呢？許多成功的投資者都是從青年時期就開始寫下輝煌篇章的。

家庭成長期

是指結婚後至孩子受完教育所經歷的一段時期。在這個時期，一方面家庭開支，尤其是孩子的撫養及教育費用將逐年增加，因而必須存一筆較多的錢，用於應付日常各項開支；最好不要將之用於其他投資。

另一方面，收入基本呈穩步上升的趨勢，投資方面的知識也逐年豐富，因而這個時期是從事個人投資的黃金時期。此時，可對你偏好的一些投資做一番嘗試，尋找出自己所擅長的投資工具。

家庭成熟期

就是你的子女受完教育至自己退休的這段時期。在這一時期，你的職業收入基本穩定，不會有太多的增長，但固定開支也明顯減少。你此時的投資可根據前半生的投資經驗而定。

退休期

是你退休後的時期。在這段時期，家庭的許多開支，尤其是醫療方面的開支將逐漸增多。由於生理的因素，應避免風險高、時間長的投資，而應投資在時間短且收益穩定的資產市場上，好好運用、安排過去積累的財富，過一個舒適的晚年。

在人生的不同階段，理財的目標也不一樣，各種目標有主有次，因此在設定理財目標時必須注意：

一、此刻所處的階段和具體情況。
二、要達到的理財目標。
三、如何達到理財目標。

只有將這三個問題弄清楚後，才能制訂出切實可行的理財目標。

當然，目標只是一個假設可以達到的位置，有時就算是人生的目標也要隨環境的變化而做出修訂，理財的目標當然不可能一成不變，也要隨個人環境因素的變遷而隨時體察實情並做出合理的修改，這才是有彈性的、靈活的理財方式。不過在彈性之下，理財目標的修改也應有一個限度，如果今天打算在五十五歲退休時可以存到十五萬元，明天卻做出大幅修改，希望四十歲退休，到時可存五十萬元。這種荒誕的修訂，會遠離合理理財所應有的彈性程度。那些被經常改得面目皆非的理財目標如同兒戲，而不是理財方法。理財目標在今日改、明日又改的情況之下，將永遠無法達到。

成功的理財，就是制訂合理可行的目標，貫徹執行，而在相互適應的前提之下，做出合理的修訂，最終達到目標。

讓錢動起來

衡量一個人是否具有經商智慧，關鍵看其能否靠不斷滾動周轉的有限資金把營業額做大。

曾有一個日本人叫井上多金，十年前結了婚。因為夫妻倆每月省吃儉用，所以銀行存摺中的數字直線上升，現在已經有二千多美元了。井上夫人時常向左鄰右舍的太太們說：「如果沒有儲蓄，生活就等於失去了保障。」

但是這個消息不知怎麼竟傳到一位猶太人富凱爾博士的耳朵裡。他是美國耶魯大學的畢業生，專攻心理學，一年前來東京經商。

富凱爾博士對井上夫人如此注重儲蓄的行為並不太認同，他說：「你看，沒有儲蓄就會覺得生活上失去了保障，如此看重物質，成為物質的奴隸，人的尊嚴到哪兒去了呢？男人每天為了衣、食、住在外面辛苦工作，女人則每天計算如何盡量苛扣生活費存入銀行，人的一生就這樣度過，還有什麼意思呢？認為儲蓄是生活上的安定保障，儲蓄的錢愈多，則在心理上的安全保障程度就愈高，如此累積下去，永遠沒有滿足的一天。這樣，豈不是把有用的錢全部束之高閣，使自己賺大錢的才能無從發揮了嗎？你再想想，哪有省吃儉用一輩子，在銀行存了一生的錢，光靠利滾利而成為世上知名富翁的？」

不少日本人對富凱爾的言論持不同的態度，但又無法反駁，便反問道：「你的意思是反對儲蓄了？」

「當然不是徹頭徹尾的反對。」富凱爾解釋道：「我反對的是，把儲蓄當成嗜好，而忘了等錢存到一定時候把它提出來，再活用這些錢，使它能賺到遠比銀行利息更多的錢。我還反對當銀行裡的錢愈存愈多時，便靠利息來過生活，因為這會養成依賴性，而失去商人必有的冒險精神。」

其實，在猶太人的觀念裡面，素來就有一種「有錢不置半年閒」的理財觀念，與其把錢放在銀行裡睡覺，靠利息來過活，養成一種依賴性而失去冒險奮鬥的精神，還不如活用這些錢，將其拿出來投資更具利益的項目。

猶太人普利茲出生於匈牙利，十七歲時到美國謀生。剛開始時，他在美國軍隊服役，退伍後開始探索創業路。經過反覆觀察和考慮後，他決定從報業著手。

為了籌集到資本，他靠工作存下的資金賺錢。為了從實踐中摸索經驗，他到聖路易斯的一家報社，向該報社老闆求一份記者工作。開始時老闆對他不屑一顧，拒絕了他的請求。但經過普利茲的毛遂自薦和請求後，老闆勉強答應留下他當記者，但有個條件，半薪試用一年後再商定去留。

普利茲為了實現自己的目標，忍受著老闆的剝削，並全心地投入到工作中。他勤於採訪，認真學習和瞭解報社的各項工作環節，晚間不斷地學習寫作及法律知識。他寫的文章和報導不但生動、真實，而且法律性強，吸引了廣大讀者。面對普利茲創造的巨大利潤，老闆高興地聘用他為正式員工，第二年還拔擢他為編輯。這時，普利茲也開始有點積蓄。

經過幾年的工作下來，普利茲對報社的營運情況也瞭若指掌，於是，他用自己僅有的積蓄買下一間瀕臨倒閉的報社，開始創辦自己的報紙——《聖路易斯郵報快訊報》。

普利茲自辦報紙後，資本嚴重不足，但他很快就度過了難關。十九世紀末，美國經濟開始迅速發展，很多企業為了加強競爭，不惜投入鉅資做廣告宣傳。普利茲瞄準這個焦點，把自己的報紙辦成以經濟資訊為主的報紙，加強廣告部，承接了各式各樣的廣告。就這樣，他利用客戶預交的廣告費使自己有資金正常發行報紙。他的報紙發行量愈多，廣告也就愈多，資金進入了良性循環。即使在最初幾年，他每年的利潤也超過十五萬美元。過沒幾年，他就成為美國報業的巨頭。

普利茲起初分文沒有，靠作工掙得半薪，然後將節衣縮食省下的極有限的錢，一刻不閒置地滾動起來，發揮出更大的作用，是一位做無本生意而成功的典型。這就是猶太人「有錢不置半年閒」的表現，也是成功經商的訣竅。

這個故事也告訴我們：要想賺錢，收穫財富，使錢生錢，就得學會讓「死錢」變「活錢」。千萬不可把錢閒置起來，當作古董一樣收藏，而要讓「死」錢變「活」，就得學會用積蓄去投資，使錢像羊群一樣，不斷地繁殖增多。在猶太人看來，合理的投資將使你的金錢快速增長。

動用每一分錢，不停生出利息，幫你帶來收入，使財富源源不斷地流入你的口袋。對於這個道理，許多善於理財的小公司老闆也明白，但他們卻沒有真正地利用。往往一到公司略有盈餘，他們便開始膽怯，不敢再像創業階段那樣敢做敢為，總怕到手的錢因投資失敗又飛了，於是趕快存到銀行，以備應急之用。

雖然確保資金的安全是人們心中合理的想法，但是在當今飛速發展、競爭激烈的經濟形勢下，錢應該用來擴大再投資，使錢變成「活」錢，以獲得更高的利益。這些錢完全可以用來購置房產店面，以增加自己的固定資產，到十年以後回頭再看，會感覺到比存銀行要增值很多，屆時你才會明白「活」錢的威力。

商業是不斷增值的過程，所以要讓錢不停地滾動起來，猶太人的經營原則是：沒有的時候就借，等你有錢了就可以還了，不敢借錢是永遠不會發財的。

有句話說：「人往高處走，水往低處流。」還有句話說：「花錢如流水。」金錢確實流動如水，它永遠在不停地運動、周轉、流通，在這些過程中，財富就產生了。

發揮金錢的最大價值

花一元，就要發揮一元的百分之一百的功效。

有人說：「猶太人是吝嗇鬼」，說猶太人花錢的時候很小氣。一般人聽到別人這樣評價自己一定十分生氣，猶太人則不然，他們為自己的吝嗇感到高興。作為商人，對金錢分分毫毫的計算是職業的本能反應，如果換個角度來看，這無疑是對他們精明投資、理財的一種褒揚。「緊緊地看好你的錢包，不要輕易花掉裡面的錢，不要在乎別人說你吝嗇。當一分錢能有兩分利潤的時候，才可以花出去。」

猶太人始終堅持錢不能隨便用的原則，堅持把錢用在刀口處。他們之所以堅持這種原則有一定的原因，是因為他們清楚「支出」和「欲望」兩者之間的關係。

猶太人從不把支出和各種欲望混為一談，不同的家庭有不同的欲望，而這些欲望又不能靠自己的收入來滿足，所以，千萬不要把自己的收入浪費在不能滿足的欲望之上，因為有些欲望是永遠都滿足不了的。所以人常為不能滿足自己的欲望而煩悶。不要以為億萬富翁有那麼多的錢，就一定可以滿足自己的各種欲望，其實，這種想法是完全錯誤的。億萬富翁的時間和精力也有限，他能到達的地方受到限制，他吃的食物受到限制，甚至他的享樂範圍也受到一定的限制。猶太人認為農田裡的野草，只要留有空地，它就會生根滋長，繁殖下去。欲望也是如此，如果你心裡存滿各種欲望，它也會生根繁殖。

欲望是無休無止的，你能滿足一個卻不一定能滿足兩個。所以必須仔細檢討自己的生活習慣，有些是必要的支出，仔細計算可以把支出減少；有些是不必要的支出，完全可以把它取消。

無論在企業的經營還是家庭的開支上，猶太人注重開支的預算，他們要根據「預算的九〇%支出、一〇%儲蓄」的原則，慎重使用收入開支，把不必要的東西一筆勾銷，因為它是無窮欲望的一部分，絕不可容納。

在猶太人的觀念中，由於他們的背景和所處的職業地位等不同，對金錢有如下的看法：

「賺錢容易，用錢難。」

「金錢不是慈善的主人，同時也不是能幹的僕人。」

「金錢雖不盡善盡美，但也不是腐敗不堪。」

「窮人並不一定什麼都不對，富人也不一定什麼都對。」

「有時金錢和衣服所產生的結果相同。」

「讚美富庶的人，並不是讚美人，而是讚美錢。」

這些猶太格言，反映出猶太人對金錢的觀念。說到底，猶太人自始至終都把金錢視為工具。因此，不管別人怎麼評論他們，猶太人唯一要做的事是：兩耳不聞是非事，一心埋頭把錢賺。猶太人的做法是正確的，對錢財必須具有特殊的感情，它才會聚集到你身邊，你尊重它、珍惜它，它才會心甘情願地跑進你的口袋。對金錢除了愛之外更要惜，也就是說，除了想辦法賺錢外，還要想辦法保護已有的錢財，也就是要「開源節流」。猶太人的這些金錢觀念是很有哲理的，這是猶太人致富理財的一個奧妙。

猶太富商亞凱德說：「猶太人嚴格遵守發財的原則，不讓自己的支出超過自己的收入，如果支出超過收入便是不正常的現象，更談不上發財致富了。」

猶太商人珍惜錢財的事例有許多，其中不少已成為美談。猶太巨富洛克菲勒是這個信條的虔誠遵守者。

洛克菲勒早年在一家大石油公司做焊接工，任務是焊接裝石油的巨大油桶。要焊接就會有焊條的鐵渣掉落，他細心地發現，每焊接一個油桶要掉落的鐵渣不多不少正好是五百零九滴，他想，要焊接那堆得像山一樣的油桶要浪費多少焊條呀！

於是，他改進了焊接的工藝和方法，讓每次滴落的鐵渣正好是五百零八滴。這樣，這家大石油公司全年節約的資金是五・七億美元！而洛克菲勒本人也因此獲得了一次很好的晉升機會，同時也開啟了自己的事業。

洛克菲勒成為億萬富翁以後，他的經營管理也是以精於節約為特點。他給部下的要求是提煉一加侖原油的成本要計算到小數點後第三位。每天早上他一上班，就要求公司各部門將一份有關成本和利潤的報表送上來。多年的經驗讓他熟稔了經理們報上來的成本開支、銷售以及損失等各項數字，他常常能從中發現問題，並且以此指標考核每個部門的工作。這正如後人對他的評價一樣，洛克菲勒是統計分析、成本會計和單位計價的一名先驅，是今天大企業的「一塊拱頂石」。

到了老年，有一天，他向秘書借了五美分，當洛克菲勒還秘書錢的時候，秘書不好意思要，洛克菲勒當即大怒：「記住，五美分是一美元一年的利息！」由此可見他對於金錢的節儉和計算相當精明。

很多猶太老闆對任何開支都精打細算，為的就是盡量地降低成本，減少費用，他們總是說：「要把一元當做兩元來使用。如果在一個地方錯用了一元，並不是損失一元，而相當於花了兩元。」猶太人的用錢原則就是這樣，只把錢用在該用的地方，他們認為不該用的地方，是一元也不會花出去的。猶太人特別是猶太商人不管多麼富有，絕不會隨意揮霍錢財。在宴請賓客時，以精美、實惠為佳，不會講究排場亂開支。在生活中，以積蓄錢財為尚，不會用光吃光，手頭空空的。猶太人經商致富的秘訣不單是精於做生意，還與他們善於節儉、不亂揮霍錢財相關。猶太人的用錢觀念總結起來可以這麼說：努力賺錢是開源的行動，設法省錢是節流的反映。巨大的財富需要努力追求，同時也需要杜絕漏洞，這正如秦國丞相李斯說過的「**泰山不拒細壤，故能成其高；江海不擇細流，故能就其深**」。

世界上有許多猶太人成為大富豪，這是因為猶太人有可貴的用錢精神。他們成為屈指可數的大富豪後仍堅持節儉，保持著猶太人特有的愛惜金錢精神。

積少成多的理財法則

發財不求暴富，實實在在從小錢賺起，一點一滴累積，在賺錢的過程中體驗人生的滋味，才有成功的感覺，才有創造的快樂。

在猶太人的理財經驗中，有一條鮮為人知的黃金法則——「即使是一美元也要賺。」這是一種心態，與賺多賺少沒有關係，只要賺錢就有滿足感。猶太人這樣做的目的是什麼呢？這也是他們賺錢的一種技巧嗎？「即使是一美元也要賺」的賺錢觀念顯示：猶太人憑藉「避實就虛，化整為零，積少成多」的戰略，最後戰勝強大的對手。實行積少成多的謀略，必須做到胸懷大志，對前程自信；如果自慚形穢，胸無大志，永難成功。同時，還要具有堅忍不拔的意志和扎扎實實、埋頭苦幹的精神。

左右世界金融市場的年輕富翁戈德曼，少小磨難，十歲時就自己賺錢。在暑假期間，每天凌晨四點就起床，把烤麵包片和晨報分送到各家。這樣，每個星期下來都能賺到幾十美元。只要有賺錢的機會他就從不放過，哪怕只賺一美分。這為他長大後積累財富打下了堅實的基礎。有些人一開始就擺出一副要賺大錢的架勢，不居於賺小錢，結果往往什麼也沒得到。其實，有很多大企業家、大富翁，都是從賺小錢起家的。從賺小錢開始，可以培養你的自信。因為，小錢容易賺到，每當賺到一筆錢後，你就會對自己的能力有所瞭解，你就會相信自己也能把事情做大，甚至成為大富翁。

「賺小錢不需要太大的本錢，不用承受太大的風險。」

「賺小錢為賺大錢積累經驗。」

「賺小錢可以培養自己踏踏實實做事的態度。」

「有時候小錢也是不好賺的，也需要付出艱苦的努力和代價。」

在建築業鉅子中，美國的比達・吉威特名列榜首，被稱為土木建築大王，二十世紀六〇年代，資產就已達二億美元。但他的經營方法仍然是「哪怕是一美元也要賺」，所以終有所成。吉威特聲名大噪後，許多人對他的發跡有些不解，吉威特對提問者往往這樣回答：「即使公司已經出名，它所承建的工程也不見得就能相對地增加。有關本公司的經營內容及方法，恕無可奉告。」

現在，這位六十五歲的土木建築大王，不僅稱霸於建築業界，同時在煤礦、畜牧、保險、出版、電視公司甚至新聞界，都有很好的成績，這是各界人士共知並予以承認的。

吉威特成功的關鍵就在於他那獨特的經營哲學，也就是他常說的：「倘若可以多賺一美元，我就絕對不放棄。」在「即使是一美元也要賺」的經營哲學下，吉威特始終把顧客的利益放在第一位，他總是以顧客為重。這並不影響賺錢，該賺的錢還是賺了，難怪現在美國的土木建築業界認為吉威特的經營規則，對他們真正地具有震撼力。發財不求暴富，實實在在從小錢賺起，一點一滴累積，在賺錢的過程中體驗人生的滋味，才有成功的感覺，才有創造的快樂。

現代社會的每個人都想闖一闖，都想發財。對一般人來說，沒有大筆的資金就難以創業，沒有大的背景也難以成事。很多人是扼腕空歎，不知所為。這裡就要學習猶太人的經商智慧：「即使是一美元也要賺」，與猶太人的另一個生意經息息相通，即猶太人創辦的萊曼公司所奉行的理念：「生意從不嫌小，收費從不嫌高。」生活從腳下開始，從自己的實際出發，能賺多少錢就賺多少錢，靠自己去創業，光明磊落，才是現代社會的英雄。

猶太人的九比一法則

幾乎所有財富累積的真正起點就是養成儲蓄的習慣。

一提到猶太人，大家就會聯想到，他們善於經商，很會賺錢，因而成就了那麼多響噹噹的世界級猶太富豪，如「石油鉅子」洛克菲勒、「金融大鱷」喬治・索羅斯、股市「神人」考夫曼，「報業大王」約瑟夫・普利茲……這些猶太鉅子們在自己經營的領域呼風喚雨、叱吒風雲，無不築起了堅實的財富長城。於是，人們開始深思一個問題：猶太人是怎樣累積財富的？其實，富人不是天生的。他們之所以有錢，主要是因為他們經營有道，理財有法，善於儲蓄。在猶太人的圈子裡，有一個所謂九比一法則，那就是當你收入十元時，你最多只花費九元，讓那一元「遺忘」在錢包裡，無論何時何地永不破例，哪怕只收入一元，你也保證凍結十分之一。這就是白手起家的第一法則。

千萬不要小看這一法則，它可以使你的錢包由空無變充實。其意義並不僅僅在於賺幾個錢，它可以使你形成一個把未來與金錢統一成一個整體的觀念，使你養成積蓄的習慣，刺激你獲取財富的欲望，激發你對美好未來的追求。當你的投資進入最後階段時，這最後的一元往往能達到決定性的作用。

有個叫哈樂德的猶太青年，開始時只是一個經營小餐館的商人。他看到麥當勞裡每天人如潮湧的場面，就感歎那裡面所隱藏的巨大商業利潤。他想，如果自己可以代理經營麥當勞，那利潤一定是極其可觀的。他馬上行動，找到麥當勞總部的負責人，說明自己想代理麥當勞的意圖。但是負責人的話卻給哈樂德出了一個難題——麥當勞的代理需要二百萬美元的資金才可以。而哈樂德並沒有足夠的資金，而且相差甚遠。

哈樂德並沒有因此而放棄，他決定每個月都存一千美元。於是每到月初的一號，他都把自己賺的錢存入銀行。為了怕自己花掉手裡的錢，他總是先把一千美元存入銀行，再考慮自己的經營費用和日常生活的開銷。無論發生什麼事，他都一直堅持這樣做。

哈樂德為了自己當初的計畫，堅持不懈地存了整整六年。由於他總是在同一個時間——每個月的一號去存錢，連銀行裡的工作人員都認識他，並被他的堅忍所感動。現在的哈樂德手中有了七・二萬美元，是他長期努力的結果。但是相對於二百萬美元來講，仍然相差甚遠。麥當勞負責人知道了這些以後，終於被哈樂德的不懈精神所感動，當即決定把麥當勞的經營代理權全部交給哈樂德。就這樣，哈樂德開始邁向成功之路，而且在以後的日子裡不斷向新的領域發展，成為一代巨富。

如果哈樂德沒有堅持每個月為自己存入一千美元，就不會有七・二萬美元了。如果當初只想著自己手中的錢太微不足道，不足以成就大事業，那麼他永遠只能是一個默默無聞的小商人。為了讓自己心中的種子發芽，哈樂德從一千美元開始，慢慢充實自己的口袋，而且長達六年之久，終於感動了負責人，也開啟了他自己的豐富人生。

已故的摩根先生有一次說，他寧願貸款一百萬美元給一個品德良好且已養成儲蓄習慣的人，也不願貸一千美元給一個沒有品德且只知花錢的人。一般來說，這個世界對待那些擁有存款的人，就是採取這種態度，這種情形經常會發生，不超過兩、三千美元的小額存款，已足以使一個人能夠獲得經濟上的獨立。

幾年前，有位年輕的發明家發明了一件獨特而實用的家用產品。但和大多數的發明家一樣，他感到無可奈何，因為他沒有錢在市場上推廣這項發明。還有，由於他沒有任何存款，因此，在向銀行申請貸款時，都被拒絕了。

他的室友是位年輕的猶太機械師，手頭有二千美元的存款。他用這筆錢幫助這位發明家，剛好可以生產出一部分新產品。他們拿了第一批的產品，挨家挨戶去推銷。賣完了第一批後，又回來生產第二批，然後再拿出去賣，周而復始，後來終於存夠了一萬美元的資金。有了這些資金，再加上一些貸款，他們終於買下了機器，自行生產他們自己的產品。

六年以後，這位年輕的機械師把他的一半股權賣掉，共獲得二十五萬美元。如果他未曾養成儲蓄的習慣，就不能夠去解除那位發明家朋友的危機，那麼，他很可能一輩子都賺不了那麼多的錢。

如果你沒有錢，而且也尚未養成儲蓄的習慣，那麼，你永遠無法使自己獲得賺錢的機會。俗話說：「萬丈高樓平地起。」你不要認為為了一分錢與別人討價還價是一件醜事，也不要認為小商小販沒什麼出息。金錢需要一分一厘地積攢，而人生經驗也需要一點一滴地累積。在你成為富翁的那一天，你就會明白：累積財富也是一種理財的表現，在我們消費的過程中，就不能把硬幣不當錢，我們要學會節約每一分錢，像猶太商人一樣，當一個理財高手。

猶太人眼中的六大理財錯誤觀

理財是致富的前奏，不學會理財就永遠不會富有。

有些人不進行理財規劃，是因為他們不知如何尋找理財顧問幫忙。克服這個問題的方法就是貨比三家，多拜訪些理財專家，直至找到你認為足可勝任、誠實、有經驗和讓你放心的人。很多投資、理財顧問的初次諮詢是免費的，如果沒有，你通常可以在電話上與之對談。當然，最有益的是從現在就開始自己學習猶太人的理財知識。

猶太人眼中的六大理財錯誤觀：

第一，很有錢或錢很少的人認為沒有理財的必要。

其實恰恰相反，低收入者更需要合理規劃自己的財務狀況，高收入者如果沒有計畫地花錢，往往會養成過度消費的習慣，同時高估自己抵禦財務風險的能力，忽視風險管理。

第二，將理財等同於投資，造成理財目標的短期化和片面化。

專家解釋說，理財和投資是兩個不同的概念，簡單地說，投資的目的是回報，理財卻包括計畫、管理及解決財務問題。但兩者的關係密切，投資是理財的行為之一，理財規劃中的現金缺口，一般必須經由投資獲利來銜接，故理財涵蓋投資。只投資不規劃是不科學的。

第三，缺少規劃，選擇不適合自己的產品。

若沒有規劃而選擇了不合自己的產品，結果不僅沒有達到理財預期，還可能遭受投資損失。正確的理財步驟應先決定理財策略，然後進行理財規劃，最後選擇理財產品。

第四，投資只看收益率，不關心風險。

一般而言，收益愈高風險愈大，不過很多投資者在做出一個投資決策的時候，往往只考慮收益，卻忽視了風險。很多金融機構在推介投資產品的時候，也往往將風險隱藏起來，總是把收益描繪得很好。其實理財的一個重要作用就是在既定的收益水準下盡量降低風險，或者在相同的風險程度下，盡量提高收益率。

第五，盲目「跟風」。

關於投資，很多人喜歡「一哄而上」。家庭資產應有一個合理的配置，對一般人而言，家庭資產主要以金融資產和房地產為主，金融資產又在存款、保險、基金、債券、股票等品種中進行分配。由於這些投資品項的風險性、收益性不同，因此進行理財時，必須根據不同的年齡考慮投資組合的比例，不宜將所有的資金投入到單一品項內，更不應盲目選擇某一當下「流行」的理財產品。

第六，投資金融產品可以迅速致富。

很多人會把「理財」與「發財」的概念加以混淆，認為投資金融產品可以迅速致富。在前幾年的股票市場上，這種錯誤觀念尤為盛行。據調查統計，全球的富豪中，透過自己創業而致富的比例占六四％，只有七％的富豪是透過投資金融產品而致富的，畢竟像巴菲特、索羅斯那樣的天才還是很少見的。在這些問題中，猶太人覺得拖延是最重要的一個問題。當沒有財務危機發生，不需立刻採取行動時，一般人就會容易拖延，並且忽視理財規劃的需要，等到要用錢時就感到生活的重擔壓得幾乎讓人難以承受。

大部分的人寧願過著日復一日的生活，也不願去應付一個遙遠而未知的將來。況且，理財計畫也並非都是好玩的，有時候它包括了第一輛新車或一次加勒比海旅遊，但同時它也包括死亡、失蹤和緊急事故在內的財務計畫。

在猶太人看來，理財是一件嚴肅的事情，不慎重對待理財的人必不能慎重地對待生活。最後一個抑制理財規劃的態度是：即使因為通貨膨脹而逐漸喪失購買力，也不願把錢放在保障最低利息以外的工具上。有些人害怕犯錯，他們拒絕學習有關個人理財的事，寧願繼續以不懂為託詞，或乾脆以不行動來避免做決定的壓力。這是錯誤的，生活將教育他們必須學會理財。

成功講座 368

猶太人
為什麼會那麼有錢

海鴿文化出版圖書有限公司
Seadove Publishing Company Ltd.

作者　孫騰
美術構成　騾賴耙工作室
封面設計　斐類設計工作室
發行人　羅清維
企畫執行　林義傑、張緯倫
責任行政　陳淑貞

出版　海鴿文化出版圖書有限公司
出版登記　行政院新聞局局版北市業字第780號
發行部　台北市信義區林口街54-4號1樓
電話　02-27273008
傳真　02-27270603
e - mail　seadove.book@msa.hinet.net

總經銷　創智文化有限公司
住址　新北市土城區忠承路89號6樓
電話　02-22683489
傳真　02-22696560
網址　www.booknews.com.tw

香港總經銷　和平圖書有限公司
住址　香港柴灣嘉業街12號百樂門大廈17樓
電話　（852）2804-6687
傳真　（852）2804-6409

CVS總代理　美璟文化有限公司
電 話　02-2723-9968　e - mail：net@uth.com.tw

出版日期　2021年09月15日　三版五刷
定價　260元
郵政劃撥　18989626戶名：海鴿文化出版圖書有限公司

國家圖書館出版品預行編目資料

猶太人為什麼會那麼有錢/孫騰作.--三版，
--臺北市 ： 海鴿文化，2021.04
面 ；　公分. －－ （成功講座；368）
ISBN 978-986-392-372-5（平裝）

1. 企業管理　2. 成功法　3. 猶太民族

494　　110003569

Seadove

Seadove